油气管网国际标准化培训教材

基础篇

惠 泉 谭 笑 刘 冰 等著

石油工业出版社

U0345076

内容提要

本书依据油气管网标准国际化知识体系和人才培养计划，系统介绍了标准化基础知识、国内外标准化法律法规、国际标准中的知识产权与认证认可、国际标准化发展趋势和发达国家标准化发展战略、油气管道领域国际标准化组织，以及油气管道国际标准发展现状和趋势等国际标准化基础理论内容。

本书适用于油气管网领域从事国际标准化工作的管理和技术人员研究学习和职业培训。

图书在版编目（CIP）数据

油气管网国际标准化培训教材.基础篇/惠泉等著.
—北京：石油工业出版社，2024.5
ISBN 978-7-5183-6574-6

Ⅰ.① 油… Ⅱ.① 惠… Ⅲ.① 石油管道 – 国际标准 –
标准化 – 教材 Ⅳ.① TE973

中国国家版本馆 CIP 数据核字（2024）第 061119 号

出版发行：石油工业出版社
　　　　　（北京安定门外安华里 2 区 1 号楼　100011）
　　　　　网　　址：www.petropub.com
　　　　　编辑部：（010）64523553　　图书营销中心：（010）64523633
经　　销：全国新华书店
印　　刷：北京中石油彩色印刷有限责任公司

2024 年 5 月第 1 版　2024 年 5 月第 1 次印刷
787×1092 毫米　开本：1/16　印张：12.5
字数：264 千字

定价：68.00 元
（如出现印装质量问题，我社图书营销中心负责调换）

《油气管网国际标准化培训教材
基础篇》

著者名单

惠　泉　谭　笑　刘　冰

曹　燕　郭德华　郑素丽　周立军　张栩赫　马伟平　于巧燕

王凯濛　虎陈霞　杨　静　常晓然　杨菊萍　许　丹

前言

．．．．．．

习近平总书记强调："谁制定标准，谁就拥有话语权；谁掌握标准，谁就占据制高点。"国际标准化是国际范围内的标准化活动，由众多国家或组织共同参与研究、制定并推广采用国际统一的标准，协调各国、各地区的标准化活动，研讨和交流有关标准化事宜。

2021年10月10日，中共中央、国务院印发《国家标准化发展纲要》，明确要求提升我国标准国际化水平，到2025年我国标准化开放程度显著增强，国际标准转化率达到85%以上。未来一段时期，我国标准国际化工作将聚焦于三个方面，一是积极参与国际标准的制定并承担更多的国际标准组织工作，提升我国在国际上的标准地位与治理能力；二是着力促进国内标准向国际标准转换，增强我国在国际市场中的竞争力和话语权，让更多的中国标准"走出去"，引领中国企业和产品走向全球；三是进一步提高国内标准与国际标准的一致程度，加快我国从制造大国向制造强国转变，早日跻身世界创新型国家前列。

标准国际化人才的培养和储备是开展国际标准化工作和参与国际标准组织治理的基本保障。近年来从事油气管网标准化相关工作人员的数量逐年增多，而标准国际化从业人员较为稀缺。当前我国油气管网行业要在标准层面与国际接轨，深化与国际社会的务实合作，必须要有充足的标准国际化高端人才为源动力。借鉴发达国家的国际标准化教育机制，加快构建系统、全面、多元的油气管网标准国际化知识体系，积极探索创新多样化的标准国际化教育机制和育人模式，尽快壮大和强化油气管网标准国际化人才队伍，是提升我国油气管网领域国际标准话语权和影响力、推动更多中国标准"走出去"的关键。

为培育和储备一批国内油气管网领域高素质、高水平、在行业内有较高认可度的标准化专家队伍，依据油气管网标准国际化知识体系和国际标准化人才培养计划，编制《油气管网国际标准化培训教材　基础篇》与《油气管网国际标准化培训教材　应用与实践篇》系列教材，教材内容兼顾国际标准化基础理论和应用与实践，适用于油气管网领域从事国际标准化工作的管理和技术人员研究学习和职业培训。

《油气管网国际标准化培训教材　基础篇》系统介绍了标准化基础知识、国内外标准化法律法规、国际标准中的知识产权与认证认可、国际标准化发展趋势和发达国家标准化发展战略、油气管道领域国际标准化组织及油气管道国际标准发展现状和趋势等国际标准化基础理论内容。

由于时间仓促，书中疏漏在所难免，恳请广大读者提出宝贵意见。

2023 年 9 月

目 录

▷▷▷ 第一章 标准化基础

第一节 标准化基础知识

一、标准化的相关概念

标准化作为一门独立的学科，必然有它特有的概念体系。标准化的概念是人们对标准化有关范畴本质特征的概括。研究标准化的概念，对于标准化学科的建设和发展及开展和传播标准化的活动都有重要意义。

标准化概念体系中，最基本的概念是"标准"和"标准化"。

（一）标准化的概念

国家标准 GB/T 20000.1—2014《标准化工作指南 第 1 部分：标准化和相关活动的通用术语》对"标准化"给出了如下定义："为了在既定范围内获得最佳秩序，促进共同效益，对现实问题或潜在问题确立共同使用和重复使用的条款以及编制、发布和应用文件的活动。

注 1：标准化活动确立的条款，可形成标准化文件，包括标准和其他标准化文件。

注 2：标准化的主要效益在于为了产品、过程或服务的预期目的改进它们的适用性，促进贸易、交流以及技术合作。"

该定义等同采用《ISO/IEC 导则 第 2 部分：ISO 和 IEC 文件的结构和起草原则与规则》中的定义，所以也可以说是 ISO/IEC 给出的"标准化"定义。

上述定义揭示了"标准化"这一概念的如下含义：

（1）标准化不是一个孤立的事物，而是一个活动过程，主要是标准制定、实施及效果评价、修订的过程。这个过程也不是一次就完结了，而是一个不断循环、螺旋式上升的运动过程。每完成一个循环，标准的水平就提高一步。标准化作为一门学科就是研究标准化过程中的规律和方法；标准化作为一项工作，就是根据客观情况的变化，不断促进这种循环过程的进行和发展。

标准是标准化活动的产物。标准化的目的和作用，都是要通过制定和实施具体的标准来体现的。所以，标准化活动不能脱离制定、修订和实施标准，这是标准化的基本任务和主要内容。

标准化的效果只有当标准在社会实践中实施以后，才能表现出来，绝不是制定一个标准就可以了事的。有了再多、再好的标准，没有被运用，那就什么效果也收不到。因此，标准化的全部活动中，实施标准是个不容忽视的环节，这一环节中断了，标准化循环发展过程也就中断了，那就谈不上标准"化"了。

（2）标准化是一项有目的的活动。标准化可以有一个或更多特定的目的，以使产品、过程或服务具有适用性。这样的目的可能包括品种控制、可用性、兼容性、互换性、健康、安全、环境保护、产品防护、相互理解、经济效益、贸易等。一般来说，标准化的主要作用，除了为达到预期目的改进产品、过程或服务的适用性之外，还包括防止贸易壁垒、促进技术合作等。

（3）标准化活动是建立规范的活动。定义中所说的"条款"，即规范性文件内容的表述方式。标准化活动所建立的规范具有共同使用和重复使用的特征。条款或规范不仅针对当前存在的问题，而且针对潜在的问题，这是信息时代标准化的一个重大变化和显著特点。

（二）标准的概念

国家标准 GB/T 20000.1—2014《标准化工作指南　第 1 部分：标准化和相关活动的通用术语》对"标准"所下的定义是："通过标准化活动，按照规定的程序经协商一致制定，为各种活动或其结果提供规则、指南或特性，供共同使用和重复使用的文件。

注 1：标准宜以科学、技术和经验的综合成果为基础。

注 2：规定的程序指制定标准的机构颁布的标准制定程序。

注 3：诸如国际标准、区域标准、国家标准等，由于它们可以公开获得以及必要时通过修正或修订保持与最新技术水平同步，因此它们被视为构成了公认的技术规则。其他层次上通过的标准，诸如专业协（学）会标准、企业标准等，在地域上可影响几个国家。"

由于该定义是等同转化《ISO/IEC 导则　第 2 部分：ISO 和 IEC 文件的结构和起草原则与规则》中的定义，所以它又是 ISO/IEC 给"标准"所下的定义。

WTO/TBT（世界贸易组织《技术性贸易壁垒协定》）规定："标准是被公认机构批准的、非强制性的、为了通用或反复使用的目的，为产品或其加工和生产方法提供规则、指南或特性的文件。"这可被视为 WTO 给"标准"所下的定义。

上述定义，从不同侧面揭示了标准这一概念的含义，把它们归纳起来主要是以下几点：

（1）制定标准的出发点。"建立最佳秩序""获得最佳效益"，这是制定标准的出发点。这里所说的"最佳秩序"，指的是通过制定和实施标准，使标准化对象的有序化程度达到最佳状态；这里所说的"最佳效益"，指的是相关方的共同效益，而不是仅仅追求某一方的效益，这是作为"公共资源"的国际标准、国家标准所必须做到的。"建立最佳秩序""获得最佳效益"集中地概括了标准的作用和制定标准的目的，同时又是衡量标准化活动、评价标准的重要依据。

（2）标准产生的基础。每制定一项标准，都必须踏踏实实地做好两方面的基础工作。

① 将科学研究的成就、技术进步的新成果同实践中积累的先进经验相互结合，纳入标准，奠定标准科学性的基础。这些成果和经验，不是不加分析地纳入标准，而是要经过分析、比较、选择以后再加以综合。它是对科学、技术和经验加以消化、融会贯通、提炼和概括的过程。标准的社会功能，总的来说就是到某一截止时间点为止，对社会所积累的科学技术和实践的经验成果予以规范化，以促成对资源更有效的利用和为技术的进一步发展搭建一个平台并创造稳固的基础。

② 标准中所反映的不应是局部的片面的经验，也不能仅仅反映局部的利益。这就不能凭少数人的主观意志，而应该同有关人员、有关方面（如用户、生产方、政府、科研单位及其他利益相关方）进行认真地讨论，充分地协商一致，最后要从共同利益出发做出规定。这样制定的标准才能既体现出它的科学性，又体现出它的民主性和公正性。标准的这三个特性越突出，在执行中便越有权威。

（3）标准化对象的特征。制定标准的对象，已经从技术领域延伸到经济领域和人类生活的其他领域，其外延已经扩展到无法枚举的程度。因此，对象的内涵便缩小为有限的特征，即"重复性事物"。

什么是重复性事物？这里所说的"重复"，指的是同一事物反复多次出现的性质。例如大量成批生产的产品在生产过程中的重复投入、重复加工、重复检验、重复生产；同一类技术活动（如某零件的设计）在不同地点、不同对象上同时或相继发生；某一种概念、方法、符号被许多人反复应用等。

标准是实践经验的总结。只有具有重复性特征的事物，才能使人们把以往的经验加以积累，标准就是这种积累的一种方式。一个新标准的产生是这种积累的开始（当然在此以前也有积累，那是通过其他方式），标准的修订是积累的深化，是新经验取代旧经验。标准化过程就是人类实践经验不断积累与深化的过程。

只有事物具有重复出现的特性，标准才能重复使用，才有制定标准的必要。对重复事物制定标准的目的是总结以往的经验，选择最佳方案，作为今后实践的目标和依据。这样既可最大限度地减少不必要的重复劳动，又能扩大"最佳方案"的重复利用次数和范围。标准化的技术经济效果有相当一部分就是从这种重复中得到的。

（4）由公认的权威机构批准。国际标准、区域性标准及各国的国家标准，是社会生活和经济技术活动的重要依据，是人民群众、广大消费者及标准各相关方利益的体现，并且是一种公共资源，它必须由能代表各方面利益，并为社会所公认的权威机构批准，方能为各方所接受。

（5）标准的属性。ISO/IEC 将其定义为"规范性文件"；WTO 将其定义为"非强制性的……提供规则、指南和特性的文件"。这其中虽有微妙的差别，但本质上标准是为公众提供一种可共同使用和反复使用的最佳选择，或为各种活动或其结果提供规则、导则、规定特性的文件（即公共物品）。

说明：企业标准则不同，它不仅要体现企业自身的利益，而且是企业的自有资源，在

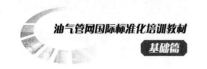

企业内部是具有强制力的，故这个定义对企业标准不能完全适用。

（三）标准化与标准的关系

标准化与标准的关系密不可分。从形式上来讲，标准是一种文件，标准化是一个活动过程；从活动的结果来看，标准是标准化活动的产物。标准化活动的成果可以通过标准的形式来呈现，因此可以说标准是标准化活动的产物，但标准化的产物还包括其他的标准化文件。从目的和作用方面讲，标准化的目的和作用都需要通过制定和实施具体的标准来体现的。标准化的基本任务和主要内容是制定标准、实施标准进而修订标准的过程，而且是一个不断循环、螺旋式上升的运动过程。每完成一次循环，标准的水平就提高一步；但标准化的效果只有当标准在社会实践中实施以后才能表现出来，绝不是制定一个标准就可以了事的。从构成条件来看，标准只是构成标准化的充分条件。标准化作为一种普遍的客观规律，具有非常广泛的内涵，它既存在于自然界之中，也存在于人类思维、生产、生活的各个方面。在没有标准的条件下，人们在生产、生活中同样可以通过一些习惯、经验或管理等途径实现标准化。这一点从人类古代的标准化活动中也得到了充分体现。例如古代手工业生产的标准化，完全是依靠劳动经验或诸如《考工记》《齐民要术》《营造法式》等一些典籍来实现的。因此从这一点而言，标准只是构成标准化的充分条件而非必要条件。从体现形式上看，标准是最具有标准化自身特色的体现形式。

从制定和实施途径来看，制定和实施标准是实现标准化的最佳途径。实现标准化的途径可以有很多种。例如自然界的标准化就是物质在自然规律的作用下，通过自身的演变进化，缓慢地趋于统一；远古时期，人类从实践活动中获取经验，制造出标准化的石器；秦始皇通过颁布法令实现文字与度量衡的统一；美国福特汽车公司通过创新管理与生产方式开创了现代工业基于标准化的流水生产线等。但是，现代工业生产的实践证明，当面对复杂系统时，制定标准和实施标准则是实现标准化的最佳途径。这是因为标准是思维意识统一的物化形式，而在这种思维意识的统一过程中，不仅标准化的目的和对象最明确，有利于寻找到一条效率最高、效果最佳的标准化路径，而且人的主观能动性会确保最终所选择的标准化路径，是在其认知范围内最接近于理论、具有最优值的最佳途径；从特性方面看，标准让标准化成为一种专业活动。正是因为人们在制定标准和实施标准的过程中，标准化目的最明确，采用的方式、方法与人类的其他生产实践活动相比，最具标准化的独特特性，才使得标准化——这一普遍存在于自然界和自人类诞生以来便和人类生产、生活息息相关的活动——从人类的其他生产实践活动中分离出来，发展成为一种独立的专业活动。这也是为什么人类开展标准化活动的历史可以追溯到人类起源，但专业的标准化活动直到近一两百年才形成。

尽管"标准"一词定义颇多，但学者和从业者在多个定义中概括出以下关键的共同要素：以协商一致方式确定；由认可机构批准；提供活动或其结果的规则、准则或特性；实现秩序和技术或商业活动的一致性。有专家指出，标准和标准化之间的关键区别在于，标准化通常是在一定程度上发生，并且有时是不可避免的，无论标准是否被承认或正式确立。

二、标准化的研究对象和学科性质

标准化作为一门学科有别于具体的标准化工作，它是人们从事标准化实践活动的科学总结和理论概括。它来源于千千万万人的标准化实践，并接受实践的检验，反过来又作用于实践，指导人们的标准化活动。

标准化学科的研究对象，概括地说，就是研究标准化过程中的规律和方法。

（一）标准化学科研究的范围

标准化学科研究的范围，同某一历史时期、某些标准化工作部门的业务范围有关联也有区别。学科的研究对象，其范围是十分宽广的，除了生产领域、流通领域和消费领域之外，还包括人类生活和经济技术活动的其他领域。在标准化的发展过程中常常出现这种情形，随着标准化研究领域的扩大，标准化工作的领域也在扩展。例如过去我国的标准化工作主要是制定和贯彻工农业生产和工程建设中的技术标准，后来，国内外对经济管理、行政事务、工作方法等方面的标准化进行了探索，从而引起许多标准化活动开始向这些领域扩展。近年来，又向服务业扩展。这反映出理论对实践的指导和推动作用。

（二）标准化学科研究的内容和目的

（1）研究标准化过程的一般程序和每一个环节的内容。这就是从制定标准化规划与计划，到标准的制定、修订、贯彻执行、效果评价、信息反馈等活动。探索这些活动环节的一般特点和规律，以及各环节之间的联系，使标准化活动符合客观规律，取得良好的社会效益和经济效益。

（2）研究标准化的各种具体形式。如简化、统一化、系列化、通用化、组合化和模块化等。研究这些形式的应用，并根据需要创造新形式。

（3）研究标准系统的构成要素和运行规律。这就是研究各种类型的标准、标准系统的结构与功能，以及对标准系统进行管理的理论和方法。

（4）研究标准系统的外部联系。这种联系是多方面的，有与企业之间、部门或行业之间及国家间的联系；有与法律法规、企业的经营管理、国家经济建设、人民生活的联系等。这些联系是标准化发展的外部动力。

（5）研究对标准化活动的科学管理。包括管理机构体制、方针政策、规章制度、信息系统的建立和规划、计划、人才培训、国际合作、知识普及、科学研究的组织等一整套对标准化活动过程实行科学管理的内容。

标准化学科的上述内容，综合起来便构成了包括有理论观点，有特定对象，有具体的形式、内容和科学方法的标准化学科体系。它的任务是指导标准化活动过程沿着科学的轨道向前发展，实现标准化活动科学化。这就是标准化这门学科的研究目的。

（三）标准化学科的性质和与其他学科的关系

标准化学科的研究领域和内容的广泛性，使它同多门学科发生紧密联系。

（1）不同行业的标准化要应用不同专业的技术，所以，它同各门工程技术学都发生直接的联系，也就是说要以这些方面的技术知识为基础。

（2）标准化活动过程大量地发生在生产、管理和科学实验过程中，标准化过程必须同这些过程相协调。所以，在标准化活动中又必须掌握和运用生产力组织学、技术经济学和企业管理学等方面的知识。

（3）现代标准化要应用数学方法并且使用电子计算机进行管理，特别是要以系统观点为指导，并运用许多新学科所提供的理论与方法。

由此可见，标准化学科带有非常鲜明的综合学科的特点。

为了正确地认识标准化活动过程的规律，解决这个过程中出现的一系列问题，当然需要运用社会科学和自然科学等学科知识和研究成果。但是，标准化学科的理论基础主要是技术科学和管理科学。标准化学科又不同于一般的工程技术学和经济管理学，它把两类科学的理论与方法有机地结合在一起，以系统理论为指导，形成一门具有自己特色的新兴学科。

第二节 标准化基本原理

一、标准化原理研究概况

（一）国外标准化原理研究

国际标准化组织（ISO）于1952年成立了标准化原理研究常设委员会（STACO），它的首要职责是在标准化原理、方法和技术方面充当ISO理事会的顾问，在考虑标准化经济问题的同时，使ISO的标准化活动取得最好效果。在其他一些国家里也设立了相应的机构，这对标准化原理的研究工作起了相当大的推动作用。1985年，日本设立了标准化原理委员会（JSA/STACO），相继开展了对标准化状况的调查，以及对标准化经济效果的计算方法和术语标准化的研究。1986年，宫城精吉提出了标准化的两个基本原理（经济性的原理和对策规则的原理）和一系列分原理。很多国家也开始专门成立机构，并开设标准化工程专业，促进标准化理论的研究。STACO和各国的标准化专家对标准化的概念、原理和方法，以及经济效果的测定及其他理论问题的研究日渐活跃。具有代表性的或者具有影响力的是由英国桑德斯所著的《标准化的目的与原理》和日本松浦四郎所著的《工业标准化原理》，他们分别在其著作中提出了著名的"7个原理"和"19个原理"。

1. 英国桑德斯的标准化原理

英国标准化专家桑德斯在其1972年出版的专著《标准化的目的与原理》中提出了7个原理。他认为，标准化活动过程就是制定—实施—修订—再实施标准的过程。

（1）原理1：简化原理。

标准化从本质上来看，是人们有意识地努力使其统一的做法。标准化不仅是为了减少目前的复杂性，而且也以预防将来产生不必要的复杂化作为目的。以简单化为目标的人们，只有通过有意识的努力使一切有关者互相协作才能成功。制定标准的方法应以全体一致同意为基础。当代表全部有关利益的各方面，根据一个适当派定的权威机构的判断，达成了实质上的协议时，标准化实践上的一致同意就可以取得了。一致同意包括远比简单多数赞成这一概念更多的东西，但并不一定意味着毫无异议。

（2）原理2：协商一致原理。

标准化不言而喻是经济活动也是社会活动，应该在所有有关者的互相协作下推动工作，也应该在全体同意的基础上制定标准。

标准化的效果只有在标准被实施时才能表现出来。制定、出版标准不过是为了达到目标而采取的手段。即使出版的标准内容很好，而在生产和消费的所有场合中没有被实施，那就没有任何价值。

（3）原理3：实施价值原理。

出版了的标准如不实施，就没有任何价值。实施的时候，为了多数的利益而牺牲必要的少数的利益，这种情况是可能有的。标准化的领域与内容的选择，应该慎重考虑各方面的观点。应按照各个不同情况考虑优先顺序。而且，由于标准化的直接目的是变复杂为单纯，把过多的东西变为适当的数量。所以，标准化的行动过程包括：① 从许多可取的项目中合理地选择最合适的；② 在一段时间内，把选出的项目无变化地固定下来。

（4）原理4：选择固定原理。

决定标准时的行动，实际上是选择及将其固定之。有的标准必须定期地重新评估和修改，根据各种不同情况予以全面地改变。间隔时间不能过短，但也不能太长。对一般标准来说，必须预先调查清楚有无必要修改。所有的标准从出版后，最多在十年，都有必要进行实质性的修改。

（5）原理5：定期更新原理。

标准在规定的时间内，应该按照需要进行重新认识与修改。修改与再修改之间的间隔时间根据各个不同情况而决定。

在起草产品标准时，规定产品的主要特性，这是不言而喻的。而对使用中所期望的性能及根据情况规定组成产品的材料，这也是常有的事。关于所规定的各种特性，各个产品或各批产品是否符合标准，必须用明确的方法规定下来。即标准应该采用的试验方法，如有必要还应明确规定试验设备。如在需要取样的场合，应规定其方法。

（6）原理6：检验测试原理。

在规定产品的性能或其他特点时，规格中必须包括关于所使用的各种方法和检验说明，以便确定该指定商品是否与规格相符。在采用取样的场合下，应规定取样方法；必要时，还应规定试样的大小和取样次数。

关于标准是否采用法律规定而强制实施的问题，必须慎重考虑全部环境条件。应依据标准的性质和社会的工业化水平，以及预期执行此种标准的一个或数个国家的宪法与法律而做出决定。法律规定的标准有很多种，计量标准就是其中一例。有关安全与健康的场合，法律性的强制往往是可取的。在国际上，由国与国之间的协定来执行标准也是有的。例如为了海、陆、空的交通规则或者限制公害而制定必要的标准。操作规范也需要某些法律性的强制。对于大多数产品标准则要同意后实施。有很多场合不能实行法律性的强制，这是可以理解的。然而，如果消费者对自己买的东西经常要求必须符合标准，这是更有力地制裁不符合标准的商品与业务，其效果甚至超过法律的力量。可是发展中国家在工业上因为正在积累经验，还没有奠定坚强的基础，所以，从法律上考虑某些附加的处理也是需要的。

（7）原理7：法律强制原理。

关于国家标准以法律强制实施的必要性，应该谨慎考虑标准的性质、工业化程度及其社会上先行的法律和形势等各方面情况。

2. 日本松浦四郎的标准化原理

日本学者松浦四郎在1972年出版的《工业标准化原理》一书中，提出了19项标准化的原理，全面阐述了他的理论观点，认为从有秩序状态转变到无秩序状态是一种自然趋势，标准化活动就是我们为从无秩序状态恢复到有秩序状态而做出的努力。

（1）原理1：标准化本质上是一种简化，是社会自觉努力的结果。

"简化"这个术语具有广泛的含意，表示行动方向是"从复杂到简单""从多样化到统一化""从无秩序到有秩序""从多到少"等。

（2）原理2：简化就是减少某些事物的数量。

（3）原理3：标准化不仅能简化目前的复杂性，而且还能预防将来产生不必要的复杂性。在时间消逝过程中事物总是变得复杂或无秩序，而标准化就是努力制止这种自然走势的过度发展。

（4）原理4：标准化是一项社会活动，各有关方面应相互协作来推动它。

虽然在个人或他的家庭生活中能够看出标准化活动，但是只有当标准化活动进入社会生活即制定公司、协会、国家和国际级别的标准以后，它才有重大意义。

（5）原理5：当简化有效果时，它就是最好的。

虽然简化是将某些事物从多减到少，然而较少并不总是较好。在面对普通商品的情况下，经常需要有一些合理的品种。我们必须考虑为实现标准化的目的应该在多大程度并怎样有效地减少数量。

（6）原理6：标准化活动是克服过去形成的社会习惯的一种运动。

长期形成的习惯对变化通常会施加十分巨大的阻力，标准化或简化将不可避免地遭到社会习惯势力的阻挠。这可以说是习惯阻力，并且是当改变习惯时由社会所施加的。

（7）原理7：必须根据各种不同观点仔细地选定标准化主题和内容。优先顺序应从具体情况出发来考虑。

（8）原理 8：对"全面经济"的含意，由于立场的不同会有不同的看法。

我们必须从各种角度研究选定标准化主题和内容。例如一项工业产品虽然性能低劣，但如合理地使用还是可靠的，反之亦然。我们必须确切了解哪些特性可进行标准化，如性能、可靠性或仅仅是为了实现互换性所需要的产品尺寸，或者这些特性的综合。在国家级，甚至在国际级实现最佳全面经济，与在一个公司内实现最佳全面经济会有相当大的差别。这一点较易理解，因为在一个公司内比在许多独立的国家之间更容易就全面经济的讨论取得一致意见。每一个国家总想从它同意的国际标准中得到某些利益，不会为其他国家的利益而牺牲本国利益。由于近似的政策，国际级的标准化不易实现多数获利少数受损的原则。

（9）原理 9：必须从长远观点来评价全面经济。

当国际标准化活动没有推广时，就可能出现同一产品在各个国家有很多不同的标准的现象。这时进口国和出口国两方面都不能实现全面经济。如果一个国家从其他国家进口不同标准的产品，进口的这种产品就可能在这个国家中引起令人厌烦的混乱，因为大批同一用途的各种产品放在一起无法实现使用或储存的互换性。这个进口国家将会不满意出口国家，虽然短期内会获得利益，然而从长远看它也不会满意。

（10）原理 10：当生产者的利益和消费者的利益彼此冲突时，应该优先照顾后者，简单的理由是生产商品的目的在于消费或使用。

（11）原理 11：使用简便最重要的是"互换性"。

（12）原理 12：互换性不仅适用于物质的东西而且也适用于抽象概念或思想。

互换性概念并不仅仅限于实物，而应该从广义上考虑，就是说抽象概念的互换性也值得考虑。如语言或文字是人们相互交流思想的重要工具，即使没有在国际上，也应该首先在全国范围内实现标准化。史前时代人类首先完成的最绝妙的工作，就是人类语言的标准化，使其作为交流思想的工具，虽然当时它并不完善而且不能通用。

（13）原理 13：制定标准的活动基本上就是选择然后保持固定。

标准化的直接目的是从复杂变成简单或从多变少。制定一个标准的过程如下：① 从许多可供挑选的项目中合理地选择最适合的内容；② 在一段时间内保持所选定的内容固定不变。

（14）原理 14：标准必须定期评价，必要时修订。修订时间间隔将视具体情况而定。

在讨论标准化方法时，必须注意标准化活动是由下述 3 个过程组成：① 制定标准；② 实施标准及效果评价；③ 修订标准。这 3 个过程始终构成一个循环——一条闭合反馈线路。这就是说，在最后的过程即评价过程中，我们可以研究这个标准对于工业本身或对社会全面经济是否有利，并且可以将评价结果反馈给制定标准的机构，以便必要时修订或废除这个标准。对所有标准都需要定期进行评价和修订，以跟得上技术的进展，评价的时间间隔将视具体情况而定。

（15）原理 15：制定标准的方法，应以全体一致同意为基础。

标准化活动的第一个阶段是制定标准。制定标准是最重要的阶段，因为必须经过审慎讨论，努力达成实现全面经济的协议。"全面经济"的概念自然的导致"一致同意"。当代表有关利益的各方面，根据委派适当的权威判断机构，达成实质性的协议时，就取得了标准化实践上的一致同意。一致同意的含义远比简单多数赞成要多，但它并不意味着毫无异议。国家标准的制定通常是由国家标准机构承担。国家标准机构的性质和类型，在各个国家和在具体问题上有相当大的差别。几乎普遍接受的制定国家标准的办法是"委员会方法"。有关利益的各方，如制造厂、消费者、工程技术专家、政府部门、实验室和研究机构，都派去适当的代表参加委员会。因为要取得有关各方同意是很不容易的，一致同意往往需要很长时间才能达到。

（16）原理 16：标准采取法律强制实施的必要性，必须参照标准的性质和社会工业化的水平审慎考虑。

强制性标准有很多实例，诸如计量单位和国家币值。广义地理解标准化，可把政府颁发的法律和法令看作标准。狭义地理解标准化，要看对标准的实施应该是强制还是自愿的。

（17）原理 17：对于有关人身安全和健康的标准，法律强制实施通常是必要的。

（18）原理 18：用精确的数值定量地评价经济效果，仅仅对于适用范围狭窄的具体产品才有可能。

标准化的效果，尤其公司级具体标准的经济利益几乎可以用金额来精确计算。然而对于国家级和国际级标准来说，虽然不是不可能，但很难用金额来评价一个推荐标准的实施效果，因为经济问题包括许多相互依赖的因素。显然应该承认，对不同级别的标准化，计算结果的精确程度会有所不同。在公司内部必须用金额计算一个具体标准的经济利益或成本。

（19）原理 19：在拟标准化的许多项目中确定优先顺序，实际上是评价的第一步。这一原理实际上是松浦四郎通过大量数据统计而对原理 7 得出的结论。

松浦四郎提出的标准化原理，基本是对桑德斯标准化原理的概括，并做了局部调整和拓展。他在标准化与"全面经济"、生产者和消费者的关系、标准的互换性、企业标准化经济效果的评价等方面做出了开创性贡献，尤其是其将"熵"的概念引入标准化领域，用以阐明标准化如何使社会生活从无序走向有序，丰富了标准化的理论范畴。松浦四郎首先是把标准化定位为企业和产品生产的"基础"，这是其立论的前提。在我们的社会生活中，知识和事物增加的趋势同宇宙中熵的增加的自然趋势极为相似。人类为了更高效的生活，免除不必要的甚至是有害的增长，不得不有意识地减少不必要的多样化。有意识地努力简化就是标准化的开端。

（二）国内标准化原理研究

1931 年 12 月，中国正式成立了工业标准化委员会，由国家度量衡局代管标准化工作。1946 年 9 月 24 日，中华民国政府颁布了《标准法》；1947 年 3 月，全国度量衡局与工业标准委员会合并成立"中央标准局"。在中华人民共和国成立之前，还没有形成系统的标准化理论。在中华人民共和国成立后，尤其是改革开放以来，我国的标准化事业呈现出前所未有的大发展。2005年，我国成立了标准化原理与方法标准化技术委员会（SAC/TC 286），围绕标准化理论、工作原则、方法和技术管理开展科学研究和标准制修订工作。李春田教授是其中最具代表性的人物。

我国著名的标准化专家李春田教授从1982年开始主编并出版了《标准化概论》第一版，一直到2022年完成了第七版。在第一版时，李春田提出"简化""统一""协调""最优化"4项标准化方法原理，并对每一项原理的含义、产生的客观基础、原理的应用及4项原理之间的关系做了全面的论述。在《标准化概论》后来的修订版中，他又提出了4项标准系统的管理原理，即系统效应原理、结构优化原理、有序发展原理和反馈控制原理。

1. 标准化方法原理

在《标准化概论》中，李春田通过将前人的观点加以研究和归纳，总结出了4项标准化的原理，并将每一原理的含义、产生的客观基础及原理的应用等做了进一步的论述，其要点如下：

1）简化原理

具有同种功能的标准化对象，当其多样性的发展规模超出了必要的范围时，即应消除其中多余的、可替换的和低功能的环节，保持其构成的精练、合理，使总体功能最佳简化原理除了指出简化时应削减的对象（多余的、可替换的、低功能的环节）之外，主要指出简化时必须把握的两个界限：

（1）简化的必要性界限。在事后简化的情况下，当"多样性的发展规模超出了必要的范围"时，就应该（或才允许）简化。所谓"必要的范围"通过对象的发展规模（如品种、规格的数量）与客观实际的需要程度相比较而确定的。运用技术经济分析等方法可以使"范围"具体化和"界限"定量化。

（2）简化的合理性界限就是通过简化应达到"总体功能最佳"的目标。"总体"指的是简化对象的品种构成，"最佳"指的是从全局看效果最佳。它是衡量简化是否做到了既"精练"又"合理"的唯一标准。运用最优化的方法可以从几种接近的简化方案中选择"总体功能最佳"的方案。两个界限的划分，对于真正做到简化具有实践上的重大指导意义。

2）统一原理

统一化是标准化的基本形式，人类的标准化活动是从统一化开始的。统一原理即一定时期、一定条件下，对标准化对象的形式、功能或其他技术特性所确立的一致性，应与被取代的事物功能等效。统一原理的基本思想是：

（1）统一化的目的是确立一致性；

（2）要恰当地把握统一的时机，经统一而确立的一致性仅适用于一定时期，随着时间的推移，还须确立新的更高水平的一致性；

（3）统一的前提是等效，把同类对象归并统一后，被确定的"一致性"与被取代的事物之间必须具有功能上的等效性。也就是说，当从众多的标准化对象中选择一种而淘汰其余时，被选择的对象所具备的功能应包含被淘汰的对象所具备的必要功能。

3）协调原理

任何一项标准都是标准系统中的一个功能单元，既受系统的约束，又影响系统功能的发挥。所以每制定或修订一项新标准都要进行协调。协调是标准化活动的重要方法。协调原理即在标准系统中，只有当各个标准之间的功能彼此协调时，才能实现整体系统的功能最佳。协调的作用体现在：一是在相关因素的连接点上建立一致性；二是使内部因素与外部约束条件相适应；三是为标准系统的稳定创造最佳条件，使系统发挥其最理想的功能。

按不同的分类方法，协调的方式可分为不同的类型，主要包括：

（1）按照协调的因素可以分为单因素协调与多因素协调。单因素协调多数是处理子系统内两个相关因素之间的关系。其目标是在相关因素的连接点上建立一致性。单因素协调是局部协调，但它又是整体协调的基础。没有局部的协调工作，就不可能实现整的协调运行，但局部协调又不能脱离整体，它不仅受整体的制约，而且要从整体系统的总目标出发。这是单因素协调原则。多因素协调是建立标准系统过程中经常的、大量的协调方式。它的目标多数是使系统的内部因素的构成与外部约束条件相适应，为系统的稳定建立合理的秩序。由于系统内的因素较多，外部的约束条件也较多，因此，常常形成错综复杂的联系。

（2）按照协调的效果可以分为一般协调与最佳协调。对系统进行协调的目的，是要它完成特定功能，而且总希望它完成功能的效果最好。但是系统越复杂、协调的因素越多，越不易达到这样的目标。因此，在对系统进行协调时，除运用必要的计算工具进行定量外，有时也可以把人们长期从事标准化实践的经验判断吸收进来，灵活地解决问题。它虽然比不上数学方法那样严格、准确，但却可以简化复杂的运算过程。在标准化基础较差、最优化方法及电子计算机的应用尚不普及的情况下，这也是常用的一种协调方式。这是一般协调。而最佳协调是在标准系统的目标确定之后，从若干种可行方案中，选择一种效果最佳的协调方案。这种最佳协调方案的产生，是把各相关因素之间的关系用严格的数学模型反映出来，并且进行定量比较。因此，最佳协调，除较简单的单因素协调外，往往都要借助于数学方法和电子计算机，是较为高级、较为复杂的协调方式。

（3）按照系统状态可以分为静态系统的协调与动态系统的协调。所谓静态系统的协调，指的是在对某些标准指标进行协调时，将它所处的系统视为静态系统，即不受时间因素的影响而发生变化。这样便于把该标准的指标与整体系统的各项约束条件之间的关系，简化为单因素的协调问题，使协调工作易于进行。系统只有稳定，才能发挥其功能。因此，协调的一个重要目标是解决系统的稳定化问题，但稳定只能是相对的。所谓动态系统的协调，就是人们如何对系统进行干预的问题。协调的目标大体是两种情形：当我们从总体出发，希望系统保持相对稳定时，就要对可能破坏系统平衡的因素适当加以控制或调整；当系统中的某些主要因素（对系统有较大影响的）的质变是不可避免的，原有的平衡必定要被突破，即应着手建立新的平衡，以推进整个系统向着更高的水平发展。这就是动态系统的协调。动态系统的协调，要运用动态控制的方法和工具。

综上所述，协调是标准化活动的一项基本任务，是标准化活动中经常的、大量的工作。一个先进的技术标准，应该是一个最佳协调的结果。一个好的产品、先进的工艺方法、合理的设计结构、最佳的参数和技术指标，以及正确的管理方法等，都应该是系统内外经过最佳协调的产物。

4）最优化原理

标准化的最终目的是要取得最佳效益。标准化活动的结果能否达到这个目标，取决于一系列工作的质量。在标准化活动中应始终贯穿着"最优"思想。但在标准化的初级阶段，制定标准时，往往凭借标准起草和审批人员的局部经验进行决策，常常不做方案比较，即使比较也很粗略。因而，被确定的标准方案常常不是最优的，尤其不易做到总体最优，这就影响到标准化效果的发挥。随着生产和科学技术的迅速发展，标准化活动涉及的系统也日益复杂和庞大，标准化方案的最优化问题更加突出、更为重要了。为了适应这种客观上的需要，提出了最优化原理：按照特定的目标，在一定的限制条件下，对标准系统的构成因素及其关系进行选择、设计或调整，使之达到最理想效果。

2. 标准系统的管理原理

李春田教授在《标准化概论》的第七版中提出了4项标准系统的管理原理，即系统效应原理、结构优化原理、有序原理和反馈控制原理。

1）系统效应原理

标准系统并非若干个互不相干标准的简单集合，而是一个互相联系的有机整体。标准系统与其要素（组成该系统的各个标准）的关系类似整体与局部的关系或总体与个体的关系。每一个具体的标准都有其特定的功能，也都可以在实施中产生特定的效应，这种效应称为个体效应或局部效应。由若干个具有内在联系的标准个体组成的标准系统，也有其特定的功能，也可在实施中产生特定的效应，这种效应称为总体效应或系统效应。系统效应需以个体效应为基础。关于个体效应与系统效应的关系，通过标准化实践可以得出这样的结论：标准系统的效应，不是直接地从每个标准本身而是从组成该系统的互相协同的标准集合中得到的，并且这个效应超过了标准个体效应的总和。这称作系统效应原理。

2）结构优化原理

标准系统要素的阶层秩序、时间序列、数量比例及相关关系，依系统目标的要求合理组合，使之稳定，才能产生较好的系统效应。这就是结构优化原理。其含义如下：

（1）标准系统的结构不是自发形成的，是经过优化的结果，只有经过优化的系统结构，才能产生较好的系统效应，这是标准系统的一个特点。由此决定了标准系统的优化是对标准系统进行宏观控制的一项重要任务。

（2）标准系统的结构形式，总的来说是变幻无穷的，但最基本的有阶层秩序（层次级别的关系）、时间序列（标准的寿命时间方面的关系）、数量比例（具有不同功能的标准之间的构成比例）和各要素之间的关系（主要是相互适应、相互协调的关系），以及它们之间的合理组合。它要求我们按照结构与功能的关系，不断地调整和处理标准系统中的矛盾成分和落后环节，保持系统内部各组成部分有个基本合理的配套关系和适应比例以提高标准系统的组织程度，使之发挥出更好的效应，这就是结构的优化。

（3）标准系统只有稳定才能发挥其功能，经过优化后的标准系统结构，应该能够保持相对稳定。所谓稳定，是指系统某种状态的持续出现，从而其功能可持续发挥。而要如此，一是要使各相关要素之间建立起稳定的联系（或相互协调的关系），二是提高结构的优化水平，并特别注意处理好与环境的协调关系。因此，标准系统结构的稳定程度既是结构优化的目的，也是衡量优化水平的依据。

3）有序原理

系统的有序性是系统要素间有机联系的反映，努力提高系统的有序度是维持标准系统稳定性并充分发挥系统功能的关键。标准系统有序性的影响因素包括：

（1）标准系统的目标。标准系统是人造系统，人们之所以创造标准系统都是有目的的，又因为标准是量化的规定，所以这个目的通常要转换为量化的目标。对于标准体系来说，目标性是其显著性。目标指明了系统的方向。

（2）系统要素的构成。一般来说，为实现某一特定目标而建立的标准系统，不是越大越好，也不是要素越多越好，理想的状态是用最少的必要标准解决问题。

（3）要素之间的关联。只有经过整体协调的系统，其所有要素才能互相关联，才能把所有标准的目标和运动方向调整到有序状态。

建立标准系统的目的是要发挥更好的作用，有序性或无序性是反映（衡量）标准系统的组织程度或标准系统状态的参量。有序程度越高，系统功能越好；反之则越差。对标准系统进行管理的一项重要任务就是保持或提高其有序程度。标准系统只有及时淘汰其中落后的、低功能的和无用的要素，或补充对系统进化有激发力的新要素，才能使系统从较低有序状态向较高有序状态转化。这就是有序发展原理。

4）反馈控制原理

标准系统演化、发展及保持结构稳定性和环境适应性的内在机制是反馈控制；系统发展的状态取决于系统的适应性和对系统的控制能力。这就是反馈控制原理，它的含义如下：

（1）标准系统在建立和发展过程中，只有通过经常的反馈（指负反馈），不断地调整同外部环境的关系，提高系统的适应性，才能有效地发挥出系统效应，并使系统朝向有序程度较高的方向发展。

（2）标准系统同外部环境的适应性和有序性，都不可能自发实现，都需要由控制系统（标准化管理部门）实行强有力的反馈控制。标准化管理部门的信息管理系统是否灵敏、健全，利用信息进行控制的各种技术和行政措施是否有效，即管理系统的控制能力，管理水平如何，对标准系统的发展有重要影响。

（3）标准系统效应的发挥，依赖于标准系统结构的优化；标准系统的稳定是有序化的结果，所以它又依赖于标准系统的演化发展（在发展过程中实现稳定），而所有这一切都离不开反馈控制。由此不仅可以看出反馈控制原理的重要意义，还可看出标准系统的 4 个管理原理之间的联系，它们实际是一个整体，是一个不可分割的理论体系。

二、标准化的基本原理

（一）标准化基本原理的研究基础

标准化基本原理是标准化基本规律的理论概括，能指导标准化实践，并在标准化实践的检验中不断完善。1952 年，国际标准化组织设立了标准化原理研究常设委员会，主要在标准化原理、方法和技术方面进行研究，指导国际标准化组织的标准化活动取得最佳效果。1958 年，日本设立了标准化原理委员会，主要开展标准实施状况的调查、标准化经济效果的计算方法和标准化术语的研究。世界上的专家学者对标准化原理进行了许多研究，推动了标准化研究的进步。

从标准化的定义可知，标准化是对重复性事物和概念做出的规定，并将其贯彻实施的过程。由此可见，这些重复性事物和概念是标准的依存主体，标准化则围绕着这些依存主体（标准化对象）来开展活动，脱离这些依存主体，标准化就变成无的放矢了。然而，标准化对象都是存在于一定的系统之中，它同系统内各组成要素之间，以及系统外某些相关要素之间存在着相互联系、相互影响、相互制约的关系。

标准化的基本原理指对标准化规律性的认识。标准化的基本原理是客观存在的，它的存在不以人们的意志为转移，它的依据来源于标准化实践。标准化的基本原理是由标准化的内容决定的，是标准化内容存在的方式，也是标准化过程的表现形态。标准化基本原理具有相对的独立性和自身的继承性。每种基本形式都表现了不同的标准化内容针对不同的标准化任务，达到不同的目的。标准化基本原理的形式随着标准化内容的发展而变化。标准化过程就是标准化内容和形式的辩证统一过程。本章着重对目前主流的标准化基本原理"统一、简化、协调、最优化"进行详细介绍。

（二）统一原理

从根本上来说，标准化就是要运用一定的手段，通过一系列活动，使标准化对象达到某种程度的统一状态（或者说有序状态、均衡状态、一致状态），没有统一，就没有标准化。所以说，标准化的实质就是统一。标准化对象的统一既是绝对的，又是相对的，是绝对和相对的"对立统一"。

1. 定义

统一化是指将两种以上同类事物的表现形态归并为一种或限定在一定范围内的标准化形式。

2. 原理解释

统一化是标准化的基本原理，人类的标准化活动是从统一化开始的。统一化是古老的标准化形式。古代人统一度量衡、统一文字、统一货币、统一兵器等都是统一化的典型事例。最初的统一化涉及的范围及统一的程度都很有限，所以易于掌握合理的尺度。现代社会中被统一的对象有无数种，相互关系错综复杂，统一化的结果涉及面广，影响深远，所以必须谨慎行事。从统一化成功和失败的经验教训中概括出统一原理：一定时期，一定条件下，对标准化对象的形式、功能或其他技术特性所确立的一致性，应与被取代的事物功能等效。它的基本思想是：（1）统一化的目的是确立一致性；（2）要恰当地把握统一的时机，经统一而确立的一致性仅适用于一定时期，随着时间的推移，还须确立新的更高水平的一致性；（3）统一的前提是等效，把同类对象归并统一后，被确定的"一致性"与被取代的事物之间必须具有功能上的等效性。

统一化着眼于取得一致性，从个性中提炼共性。统一化的实质是使对象的形式、功能（效用）或其他技术特征具有一致性，并把这种一致性通过标准确定下来。统一化的目的是消除由于不必要的多样化而造成的混乱，为人类的正常活动建立共同遵循的秩序。由于社会生产的日益发展，各生产环节和生产过程之间联系得日益复杂，特别是在国际交往日益扩大的情况下，需要统一的对象越来越多，因此，统一化工作更显重要。

3. 统一的方式

根据被统一对象的特点和统一的目标不同，统一的方式大致分为 3 种。

1）选择统一

选择统一是指在需要统一的对象中选择并确定一个，以此来统一其余对象的方式。它适合于那些相互独立、相互排斥的被统一对象，如交通规则、方向标准等。

2）融合统一

融合统一是指在被统一对象中博采众长、取长补短，融合成一种新的更好的形式，以代替原来的不同形式的方式。一般来说，这种方式适合于融合统一的对象都具有互补性，如结构性产品，像手表、闹钟等统一结构形式，就是采用融合统一的方法。

3）创新统一

创新统一是指用完全不同于被统一对象的崭新的形式来统一的方式。适宜采用创新统一的对象，一般来说有两种：一是在发展过程中产生质的飞跃的结果，如以集成电路统一晶体管电路。二是由于某种原因无法使用其他统一方式的情况，如用国际计量单位来统一各国的计量单位，用欧元来统一欧洲各国的货币等。

4. 统一的类型

1）绝对统一

绝对统一指在一定的时间和空间范围内，对标准化对象所做的统一是绝对的、不容改变、不容违反、不容破坏，否则，就没有什么标准化了。它不允许有任何灵活性，如各种编码、代号、标志、名词、计量单位的统一。

2）相对统一

相对统一指标准化的统一是有条件的统一，是在一定的质和量上的统一，它是有时间和空间限制的。它的出发点或总趋势是统一，但统一中还有一定的灵活性，根据情况区别对待。例如产品质量标准是对质量要求的统一化，但具体指标（包括分级规定、公差范围等）却具有一定的灵活性。

5. 统一化的原则

1）同质性

实施统一化的对象必须具有相同的质或相同的内容，只是在量的方面或表现形式方面存在着某些差异。不同质或不同内容的事物是不能统一的。例如同一事物有不同的名称，可以用一个名称把它统一起来，但不能把彼此不同质的刀具和塑料统一起来。

2）等效性

对标准化对象实施统一化后，被确定的对象与原先被统一的对象之间，在功能上必须等效。如果不等效，则被确定的对象不能成为原对象的统一物。"等效"不是"同效"，所谓"等效"是指被确定的对象的功能包含了原先被统一对象的功能，因此前者完全可以取代后者，而且前者的功能在统一化的过程中往往得到优化，所以经统一化后确定的对象的功能常常优于被统一对象的功能。

如图 1-1 所示，统一化后所确定的 K 应与原有的 A、B、C、D、E 等效。也就是说，原有的 A、B、C、D、E 若分别满足一定范围的需要，则 K 也应满足同样范围的需要。为此，K 常常是对原有的各种类型的综合，或者是在某一种较好类型基础上加以改进。一般地，在下级标准基础上制定上级标准时，常采用这两种方式，但不论采用哪一种方式，都必须做到等效代替。

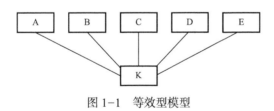

图 1-1　等效型模型

3）适时性

统一化是事物发展到一定规模、一定水平时，人为地进行干预的一种标准化形式。干预的时机是否恰当，对事物未来的发展有很大影响，把握好统一的时机，是搞好统一化的关键。所谓"适时"是指统一的时机要选准，既不能过早，也不能过迟。过迟，会使低劣产品重复生产过多，造成浪费。

4）适度性

统一要适度，这是统一化的另一条原则。所谓"度"，就是在一定质的规定中所具有的一定量的值，度就是量的数量界限。对客观事物进行的统一化，既要有定性的要求（质的规定），又要有定量的要求。所谓适度，就是要合理地确定统一化的范围和指标水平，如在对产品进行统一化（制定产品标准）时，不仅要对哪些方面必须统一，哪些方面不做统一，哪些要在全国范围统一，哪些只在局部进行统一，哪些统一要严格，哪些统一要灵

活等做出明确的规定，而且还必须恰当地规定每项要求的数量界限。在对标准化对象的某一特性做定量规定时，对可以灵活规定的技术特性指标，还要掌握好指标的灵活度。

所谓指标的灵活度也就是指标允许值的灵活幅度。统一化的本质是取得一致性，但由于统一化对象的复杂性和客观要求的多样性，所以对某些对象的统一化只能实现相对的统一，也就是有灵活度的统一。这就是总的方向是统一，但统一中又有灵活。尤其以产品质量、工作质量为对象的统一化常需施以灵活度。

5）先进性

所谓先进性，就是指确定的一致性（或所做的统一规定）应有利于促进生产发展和技术进步，有利于社会需求得到更好的满足。等效原则只是对统一化提出了起码要求，因为只有等效才有统一可谈。统一化后必须保持必要的功能，否则便失去了统一的意义。但统一化的目标绝非仅仅为了实现等效替换，而是要使建立起来的统一性具有比被淘汰的对象更高的功能，在生产和使用过程中取得更大的效益，为此还须贯彻先进性原则。就产品标准来说，就是要能促进质量提高。既不能搞现状的描述，更不能迁就落后，甚至保护落后。统一化过程实质上是打破旧平衡、树立新平衡的过程。这是统一化的灵魂，也是统一成败的关键。

因此，对于绝对统一的对象，在统一化过程中，如何使统一化的结果保持其先进性，常常取决于多种因素。例如交通指示信号灯颜色的统一化，不仅与生理学、心理学、物理学等方面的研究成果有直接关系，而且与人们以往的生活习惯及已经形成的制度等因素相关。这类对象的统一，有的比较简单，有的相当困难，特别是改变已经形成的习惯更为困难。

对于相对统一的对象，主要是在确定灵活度时如何使所规定的定量化指标先进合理。这就要求我们不能只凭感觉和印象进行判断，还必须具体地找出这些影响产品的使用性能和影响经济活动过程的因素的最佳数量界限，从而正确地规定这些指标的灵活度。这就要求标准化活动立足于可靠的统计数据，借助于数学方法和技术经济分析，特别是最优化的分析技术，提高统一化的水平。

（三）简化原理

简化原理是从简化这种形式的标准化实践中总结出来的，并用于指导简化的规律性认识。其主要内容为，当具有同种功能的标准化对象其多样性的发展规模超出了必要的范围时，应消除多余的、可替代的和低效率的环节，保持其构成的精炼、合理，使总体功能最佳。

1. 定义

简化是在一定范围内缩减对象（事物）的类型数目，使之在一定时间内足以满足一般需要的标准化形式。也就是说，在不改变对象性质，不降低对象功能的前提下，减少对象的多样性、复杂性。

简化一般是事后进行的，即在事物的多样性已经发展到一定规模之后，才对事物的类型数目加以缩减。当然，这种缩减是有条件的，是在一定的时间和空间范围内进行的，其结果应能保证满足一般的需要。然而简化并不是消极的"治乱"措施，它不仅能简化目前的复杂性，而且还能预防将来产生不必要的复杂性。通过简化确立的品种构成，不仅对当前的生产有指导意义，而且在一定时期、一定范围内能预防和控制不必要复杂性的发生。

2. 原理解释

简化着眼于精练，在简化过程中往往保存若干个合理的品种，简化的目的并非简化为一种。简化是把复杂的变成简单的，从汉语释义的角度讲，是指故意少说几句，略去具体细节而抓住主干，形神兼备地传达出形象或意念的大致轮廓与内在精髓的构思方式。将简化应用到标准化中，形成了标准化的简化原理。简化是同人类社会中不必要的复杂化和混乱做斗争的方法，简化搞得好可以得到很明显的效益，但弄不好也会适得其反。为了指导人们进行合理的简化，从标准化实践的经验中概括出下述的原理。

具有同种功能的标准化对象，当其多样性的发展规模超出了必要的范围时，即应消除其中多余的、可替换的和低功能的环节，保持其构成的精练、合理，使总体功能最佳。

简化原理是从简化这种形式的标准化实践中总结出来的，并用以指导简化规律性认识，所以通常称为简化原理。这一原理除指出了简化时应削减的对象（多余的、可替换的、低功能的环节）之外，主要是指出简化时必须把握的两个界限：

（1）简化的必要性界限：在事后简化的情况下，当多样性的发展规模超出了必要的范围时，就应该（或才允许）简化。所谓"必要的范围"是通过对象的发展规模（如品种规格的数量）与客观实际的需要程度相比较而确定的。运用技术经济分析等方法可以使"范围"具体化，"界限"定量化。

（2）简化的合理性界限：简化的合理性界限，就是通过简化应达到"总体功能最佳"的目标。"总体"指的是简化对象的品种构成，"最佳"指的是从全局看效果最佳。它是衡量简化是否做到了既"精练"又"合理"的唯一标准。运用最优化的方法可以从几种接近的简化方案中选择"总体功能最佳"的方案。

3. 简化的客观基础

一般地说，供人们使用消费的物品都有 3 种功能：一是基本功能，即用来满足人们对该物品的共同需要的功能，这也是该物品得以存在的基础；二是附加功能，即用来满足不同的人们对物品的特殊需要的功能；三是条件功能，即使基本功能得以充分发挥的功能。例如挂历的基本功能是显示日历，条件功能是挂，而附加功能则是装饰美化环境。

由于附加功能和条件功能的存在，使得同一物品具有众多的品种规格。而且，随着人们需求的不断变化和市场竞争的日趋激烈，品种规格还会不断增加。品种的增加在一定的范围内可以满足消费者的需求，因而是有利的，但如果超出一定的范围，盲目地、无限制地增加品种，就会给制造、选购、使用和维修带来很大不便。此外，大量的在功能上相近的品种的泛滥也会造成社会财富和资源的极大浪费。因此，就有必要运用"简化"这一标准化形式，将产品的品种规格缩减到必需的范围内。

简化只是控制不合理的多样性，而不是一概排斥多样性。通过简化，消除了多余的、低功能的品种，使产品系列的构成更趋精练、合理，从而提高了系列的总体功能，并为品种多样化的合理发展奠定基础。

产品自身所存在的基本功能、附加功能和条件功能是促使品种多样化的内在原因，而市场经济则是导致品种多样化失控的外部原因。只要这两个原因还存在，简化就是一个必不可少的调节手段。

4. 简化的原则

简化不是对客观事物进行任意的缩减，更不能认为只要把对象的类型数目加以缩减，就会产生效果。简化的实质是对客观系统的结构加以调整并使之最优化的一种有目的的标准化活动，是对事物多样化发展的人为干预。这种干预是在事物多样化的发展超过一定界限后才发生的。因此是一种事后干预，这也是简化区别于其他标准化形式的一个显著特点。简化的一般原则是：

（1）只有当多样化的发展规模超出了必要范围时，才允许简化。

（2）简化要适度，既要控制不必要的庞杂，又要避免过分压缩而形成单调。为此，简化方案必须经过比较、论证，并以简化后事物的总体功能是否最佳，作为衡量简化是否合理的标准。

（3）简化应以确定的时间和空间范围为前提。在时间上既照顾当前，又考虑到今后一定时期的发展要求，最大限度地保持标准化成果的生命力和系统的稳定性。对简化所涉及的空间范围及简化后标准发生作用的空间范围都必须做较为准确的计算或估计，切实贯彻全局利益的原则。

（4）简化形式的结果必须保证在既定的时间内足以满足消费者的一般需要，不能限制和损害消费者的需求和利益。

（5）产品简化要形成系列，其参数组合应符合数值分级制度的基本原则和要求。

（四）协调原理

不可否认，任何稳定有序的系统内部都充满着矛盾。作为矛盾统一体的系统，要保持稳定有序，其一要靠内部的统一，即要有一种共同遵守的规范把内部各个子系统及各个要素的行动和相互关系统一起来、一致起来；其二，必须正视客观存在的种种矛盾，有矛盾就必须协调。任何一项标准都是标准系统中的一个功能单元，既受系统的约束，又影响系统功能的发挥。所以，每制定或修订一项新标准都必须进行协调。协调是标准化活动的重要方式。协调原理强调的是在标准系统中，只有当各个局部（子系统）的功能彼此协调时，才能实现整体系统的最佳功能。

1. 原理定义

协调原理指为了使标准系统的整体功能达到最佳并产生实际效果，必须通过有效的方式协调好系统内外相关因素之间的关系，确定为建立和保持相互一致、适应或平衡关系所必须具备的条件。

2. 原理解释

（1）协调的目的在于使标准系统的整体功能达到最佳并产生实际效果。

（2）协调对象是系统内相关因素的关系，以及系统与外部相关因素的关系。

（3）相关因素之间需要建立相互一致关系（连接尺寸）、相互适应关系（供需交接条件）、相互平衡关系（技术经济招标平衡、有关各方利益矛盾的平衡），为此必须确立条件。

（4）协调的有效方式有：有关各方面的协商一致、多因素的综合效果最优化、多因素矛盾的综合平衡等。

3. 协调的分类

协调的方式按协调因素分为单因素协调、多因素协调；按协调效果分为一般协调、最佳协调；按系统状态分为静态系统协调、动态系统协调。

4. 协调的含义

标准化对象都是处在一定的系统中，反映它们的标准也同样组成一定的标准体系；每一个标准自身也是一个系统，它内部各组成要素之间及同外部各相关因素之间都存在着相互联系、相互制约的关系。由于这些错综复杂关系的存在，标准化对象系统不可能自然而然地达到均衡、统一的状态，必须对系统进行人为的干预，按照系统的总体目标，对各组成要素的质和量进行调整，使它们彼此衔接、配合，或损有余，或增不足，最终使系统达到稳定、均衡统一状态。这种对标准化对象系统进行人为干预，使其相关因素在连接点处建立一致性，就是协调的实质。协调原理强调了协调在标准化活动中的作用：一是在相关因素的连接点上建立一致性；二是使内部因素与外部约束条件相适应；三是为标准系统的稳定创造最佳条件，使系统发挥其最理想的功能。

这里所谓的"一致性"就是指相关的两个或多个因素间要相互满足对方提出的要求并为对方的存在创造条件。

概括起来协调的含义如下：

1）在系统内部各相关元素之间的连接点上建立一致性

标准的子系统和组成元素并不是孤立存在的，他们之间都存在着直接或间接的相互依存、相互联系、相互制约的关系。为了使系统达到均衡、有序的状态，就必须使这些相互关系满足一定的要求，也就是要在相关因素的连接点上建立一致性。例如直流收录机与电源电池之间就存在两个连接点：一个是电源电压，一个是收录机内电池盒的空间尺寸。它们之间的协调就是在这两个连接点上达成一致，即收录机的电源额定电压应该等于单个电池电压的整数倍，相应地，电池盒的空间尺寸也应等于电池尺寸的整数倍。

2）在系统的外部环境（约束条件）之间的连接点上建立一致性

标准系统如果仅有内部的和谐统一，而不同外部环境相适应，这种统一是不可能成立的。因而，这种协调也是无效的，所以当系统内部经协调达到统一后，还必须根据外部环境的要求，对系统内部各因素之间的平衡关系——进行检验，如与环境条件不适应时，则需逐一进行调整，或者将内外因素进行统筹考虑，进行系统的总体协调。

对于标准化来说，协调是达到统一的必不可少的手段；没有协调就没有统一，也就没有标准化。统一强调的是共性，协调则兼顾了个性；统一是前提，协调是不可或缺的补充，是统一的基础；统一只能在主要方面进行统一，而协调则要体现在方方面面。把统一和协调结合起来，才能全面地指导标准化的具体行动。

（五）最优化原理

标准化的最终目的是要实现最佳效益。标准化活动的结果能否达到这个目标，取决于一系列工作的质量。在标准化活动中应始终贯穿"最优"思想。但在标准化的初级阶段，即制定标准时，往往凭借标准起草和审批人员的局部经验进行决策，常常不做方案比较，即使比较也很粗略。因而，被确定的标准方案常常不是最优的，尤其不易做到总体最优。这就影响到标准化效果的发挥。

随着生产力和科学技术的迅速发展，标准化活动涉及的系统已日益复杂和庞大，标准化方案的最优化问题变得更加突出和重要。标准化是人类用以促进生产发展和社会进步的技术手段和管理手段。标准化所要达到的统一，是能使标准化对象得到最优化的统一而不是一般的统一，即在一定的标准化目标和一定的约束条件下，使整个系统的输出功能和效果达到最佳化。这可以从以下两个方面来阐述。

1.标准化系统的整体优化

标准化的目的是利用有限的资源，取得尽可能大的社会效益和经济效益。从系统理论的角度看，这也是标准化系统整体优化的目的。系统的整体效果取决于系统的整体功能，而要求一个系统应具有什么样的整体功能，这要看系统的总目标。所以，系统整体优化的目的是与系统的总目标紧密相关的，而系统的总目标又与能向系统投入的资源和其他条件密切相关。在现实情况中，对系统的投入总是有限度的。所以，对标准化对象的优化总是在一定的标准化目标和一定的约束条件下进行的。然而，在一定的约束条件下，实现一定的标准化目标，可能有多个可行性方案。标准化系统的整体优化就是系统方案的优化，就是在能够满足系统的总目标的各种可行性方案中选择出最佳方案的过程。

2.标准化系统的结构优化

强调系统效果、重视系统功能是现代标准化的主要特征和核心问题。而功能是由结构所决定的，要优化功能必须先优化结构。在结构和功能的关系中，强调结构对功能的决定作用是很重要的，但也不能忽视功能对结构的反作用。因为，标准化系统的功能是一个活跃的因素，它在系统内外各种因素相互作用的过程中不断发生变化，而结构相对较稳定，只有当功能变化达到一定程度时，才会引起结构的部分改变或全部改变（如标准的修订或废止）。在进行系统结构优化时，要考虑以下因素：

（1）系统界限：进行优化的条件。

（2）系统的总目标：系统结构优化的主要依据。标准化活动与社会发展进程密切相关，而社会发展在时间上是不可逆的。所以，标准化活动是有期限的，标准化总目标也是有期限的，过早或过晚，都会影响优化效果。

（3）具体的约束条件：大环境、大系统对标准化系统所施加的时间、空间、物质、能量、信息、政策、法令等各方面的限制。优化是相对的，是在特定条件下的优化，条件改变了，优化的结果也将随之改变。

（4）建立结构参数与功能参数间的关系：模型是优化标准化系统结构的主要手段，是科学地对标准化活动进行定量研究的工具。对于可定量描述的标准化目标，可以列出其目标参数和约束条件，然后求解目标函数的极值，以此确定量化方案。标准化对象参数最佳化用的就是这种方法。但对不能定量描述的标准化目标，则可采用协商法和评估法来确定最佳方案。

3.定义

按照特定的目标，在一定的限制条件下，对标准系统的构成因素及其关系进行选择设计或调整，使之达到最理想的效果，这样的标准化原理称为最优化原理。

4.最优化的程序

1）最优的一般程序

这个程序可以用一个流程图（见图1-2）来表示：

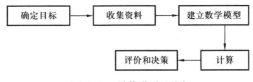

图1-2 最优化流程图

（1）确定目标：从整体出发提出最优化目标及效能准则（即衡量目标的标准）。

（2）收集资料：收集、整理并提供必要的数据和给定一部分约束条件。

（3）建立数学模型：在充分了解情况的基础上，找出反映问题本质因素的数学方程（即某些变量或参数之间的关系）和逻辑框图。

（4）计算：编制程序，通过计算求解，并提出若干可行方案加以比较。

（5）评价和决策：经过对方案的分析、比较，从中选出最优方案，由执行部门选定决策。

2）最优化的方法

最优方案的选择和设计，不是凭经验的直观判断，更不是用调和争执、折中不同意见的办法所能做到的，而是要借助于数学方法，进行定量的分析。对于较为复杂的标准化课题，要应用包括计算机在内的最优化技术。对于较为简单的方案的优选，可运用技术经济分析的方法求解。

（六）四大基本原理之间的关系

上述标准化原理，由于是从不同形式的标准化活动中概括出来的，因而带有显著的方法论特点。所以，这些原理都被称为标准化的方法论原理。标准化的这些原理都不是孤立存在和孤立地起作用的。它们互相之间不仅有着密切联系，而且在实践应用过程中互相渗透、互相依存，它们结成了一个有机的整体，综合反映标准化活动的规律性。

简化原理与统一原理是从简化与统一化这两种古典的标准化形式中总结出来的，在现代仍然被广泛地应用。协调原理和最优化原理是从近代标准化的特点中概括出来的。从古至今，无论是简化还是统一，都要经过协调达到优化的目的。只是古代标准化协调的方式较为简单，协调的内容也不复杂，比较容易达到优化的目标。现代标准化则不同，在简化、统一化和协调过程中都贯穿着一个最普遍的原则，就是从多种可行方案中选择或确定一种最优方案。在标准化活动中，对标准系统的构成加以简化，因素加以统一，关系加以协调，都要达到一个共同的目的——使整个系统的功能最佳。这就是最优化原理在起作用。由此足以说明这条原理的重要地位。在实践过程中，简化和统一也是互相渗透的，有些简化是为以后的统一打下基础，而有些对象的统一化首先是从简化开始。无论简化还是统一，都要经过协调，未经协调的简化和统一是不可能达到总体功能最优的。

三、标准系统的管理原理

（一）系统效应原理

1. 个体效应与系统效应

标准系统并不是若干个互不相干的标准的简单集合，而是一个互相联系的有机整体。标准系统与其要素（组成该系统的各个标准）的关系类似整体与局部的关系或个体与总体的关系。每一个具体的标准都有其特定的功能，也都可以在实施中产生特定的效应，这种效应叫作个体效应或局部效应。标准系统在运行过程中通过个体标准和群体标准在某一时期的功能组合、协调和互相作用达到系统功能的发挥，从而实现标准化系统的综合效应。系统效应是一个动态效应，标准在运行中发挥效能，系统在运行中产生效应。这个效应大大优于个体标准效应的总和，这就是系统效应。

2. 系统效应原理的内容

关于个体效应与系统效应的关系，通过标准化实践得出这样的结论：标准系统的效应，不是直接地从每个标准本身而是从组成该系统的互相协同的标准集合中得到的，并且这个效应超过了标准个体效应的总和。这就叫作系统效应原理。其含义是：

（1）标准系统是一个不可分割的整体，其效应一定要从完整的系统来看，而不是从孤立要素的简单叠加来看。作为有机整体的标准系统，其效应既与组成该系统的各个标准及它们的结构有关，又不是各个标准个体效应的简单总和。同时，每个标准的个体效应，又同它所从属的系统有关，受系统的影响和制约。系统效应之所以不同于个体效应，那是因为在结构上合理的标准系统，已经不是互不相干的标准群体，而是形成了标准之间、标准与系统整体之间互相联系、互相作用、互相适应、互相补充的统一体。系统效应就是从要素量的集合达到整体质的飞跃中产生的，是相关标准之间相互作用产生的相关效应。这种效应一般要比各个标准效应的简单总和大得多。所以说，系统效应必须在系统内部各级、各类子系统和要素间的错综复杂的协同作用中探求。倘若子系统或要素之间协同性很差，也不会产生系统效应。

（2）标准化活动是由人力、物力、财力、技术、信息等要素构成的社会活动。根据系统效应原理，这些要素的构成或组合方式不同，所产生的效果也很可能不同。倘若根据需要或特定的目标，通过对各要素的合理筹划和有机组合，形成系统，便可产生特殊的效应，即系统效应。它能使有限的资源产生更大的能量，用较小的代价取得更大的效益，在较短的时间内求得更快的发展速度。但在以往的标准化活动中，却偏重于追求单个标准的个体效应，较少考虑系统效应；往往偏重于标准的总数量，较少考虑标准的系统性及标准系统的合理结构。因此，系统效应才是标准化管理追求的目标。系统效应原理是现代标准化理论的核心，它标志着标准化方法论的重大转变。

3. 系统效应原理的实践意义

系统效应原理是指导标准化活动最基本的原理，它的思想应贯穿于标准化的全过程。

（1）在对标准系统进行设计时（如开展综合标准化，建立标准综合体），应把它当作由若干子系统或要素结合成的有机整体看待。对每个子系统的功能要求，都应首先从实现整个系统的总目标出发加以考虑。对于子系统之间及子系统和系统整体之间的关系也都需要从整体协调的需要出发加以处理。同样道理，某个系统又是它所从属的更大系统的组成部分，它的功能的设定及它的系统效应的发挥，必然受到这个更大系统的制约，服从它的要求。这就使标准之间（包括系统之间）的协调变得格外复杂，这是对现代标准系统进行管理的一个特点。

（2）系统效应观点是现代标准化理论的核心问题，也是同以往的标准化理论相区别的重要标志。按照系统效应原理，每一个标准的功能和效应都难以孤立地发挥，它总是居于系统中的一定地位上，在系统的总效应中表现出它的个体效应。每一个要素的性质和行为及它影响系统整体的途径，依赖于其他一个或几个要素的性质和行为。没有一个要素是独立影响整体的，同时，每一个要素至少被其他一个要素所影响。因此，标准虽然是逐个制定的，但实际上是填补系统的一个要素，或在纵横交错的系统网络中填补一个节点。这个标准的功能受到该系统的严格制约。只有充分认识了这个系统对它的要求和制约，特别是系统总效应的要求，才能制定出一个好标准（有较好适应性和适用性），才能保证整个系统发挥较好的功能，产生较好的系统效应。

（3）系统效应原理要求标准化工作者树立系统意识或全局观念。在标准化活动中常会出现这样的情形，一项规定或一个指标，从局部看是合理的、可行的，而从全局看却是不合理的或不可行的。在一般情况下局部应服从全局，因为系统效应原理表明，个体效应好，系统效应不一定好，系统效应才是我们所追求的最终目标。所以，这一原理为标准之间的协调提供了最基本的理论依据。

（4）系统效应原理具有方法论的意义。依据这一原理开展标准化活动时，首先要确立明确的目标（或要求），然后制定与实现目标有关的标准并认真处理好标准之间的协调、配合关系，保证标准系统是个有机的整体，产生系统效应，达到预定目标。如果目标并不明确，或盲目追求系统的规模，只是制定了一堆互不协调、互不配合的标准，这既不能称其为标准系统，又不可能产生系统效应，甚至会出现负面效应（许多企业建立的标准体系就是这种状况）。

（5）系统效应原理奠定了标准化方法论的基础。在标准化管理活动中，从目标确定，规划、计划的落实，到决策方案的选择，以及在决策实施过程中根据信息进行的协调、控制，都必须运用这一原理。始终不脱离系统总的奋斗目标，追求较好的系统效应，才能进行有效的管理，不断提高标准化的科学管理水平。

（二）结构优化原理

1. 标准系统的要素及其结构

标准系统的结构，就是指标准系统要素的内在的有机联系形式。任何一种标准系统的要素都按照一定的次序排列或组合。如果仅有一堆标准，还不能说这就是标准系统。要素仅仅是组成系统的必要条件，而不是全部条件。系统是在要素基础上，以某种方式相互联系，形成整体结构，这时才具有系统的性质。系统的结构是系统具有特定功能、产生特定效应的内在根据。而且系统效应的大小，在很大程度上取决于系统要素是否能够形成好的结构。所以标准系统的结构是现代标准化理论中又一个重要的课题。

2. 标准系统的结构与功能的关系

人造系统都是有目标的，系统要素集能否达到目标要求，除了环境因素之外，要素间的相关关系即结构形式起着决定作用。

就系统结构与功能的一般关系而言，可以说是结构不同，功能也就不同，结构决定功能，但功能又能促进结构的改变。就标准系统而言，由于它是人造系统，所以常常是首先确立功能目标，而后根据目标来设计或调整标准系统的结构。对较为复杂的系统，也常常是将系统的总目标分解为各个层次的分目标，然后据此构造出分系统的组成要素及它们的相互关系，最后形成整体协调的系统结构。

在标准系统结构与功能的关系中，强调结构对功能的决定作用是很重要的，但也不可忽视功能对结构的反作用。因为标准系统的功能是个活跃的因素，它在系统内外各种因素相互作用的过程中不断发生变化，而结构一般是较稳定的，只有当功能变化到一定程度（如标准已不适应生产发展的客观需要）时，才能引起结构的部分改变（如某些标准修订或废止）或全部改变。

在对标准系统进行宏观控制过程中，应不断分析功能与结构的关系，一旦发现结构状况影响了功能的发挥和目标的实现，就应采取措施改变结构。譬如当我们发现由于国家标准中有关保障消费者安全的标准比重太小，并且屡屡发生安全事故时，就表明现行标准系统保障安全的功能太差，必须调整系统结构，增加必要的安全标准。

由此可见，即使已经构成标准系统，如果结构不合理，标准之间的关系没有协调好，仍然产生不了较好的系统效应，这就提出了标准系统结构优化的问题。

3. 结构优化原理的内容

标准系统要素的阶层秩序、时间序列、数量比例及相关关系，依系统目标的要求合理组合，使之稳定，并能产生较好的系统效应。这就是结构优化原理。其含义如下：

（1）标准系统的结构不是自发形成的，是优化的结果，只有经过优化的系统结构，才能产生较好的系统效应。这是标准系统的一个特点，由此决定了标准系统的结构优化是对标准系统进行宏观控制的一项重要任务。

（2）标准系统的结构形式总的来说是变幻无穷的，但最基本的有阶层秩序（层次之间的关系）、时间序列（标准的寿命时间方面的关系）、数量比例（具有不同功能的标准之间的构成比例）和各要素之间的关系（主要是相互适应、相互协调的关系），以及它们之间的合理组合。它要求我们按照结构与功能的关系，不断地调整和处理标准系统中的矛盾成分和落后环节，保持系统内部各组成部分有个基本合理的配套关系和适应比例，以提高标准系统的组织程度，使之发挥出更好的效应，这就是结构的优化。

（3）标准系统只有稳定才能发挥其功能，经过优化的标准系统结构，应该能够相对稳定。所谓稳定是指系统某种状态的持续出现，从而其功能可持续发挥。而要如此，一是要使各相关要素之间建立起稳定的联系（或相互协调的关系）；二是提高结构的优化水平，并特别注意处理好与环境的协调关系。因此，标准系统结构的稳定程度既是结构优化的目的，也是衡量优化效果的依据。

4. 实现结构优化的方法

协调是结构优化的基本方法。由于组成系统的各个标准，其特性和功能是相互依存的，任何一个标准，其特性和功能的变化，都意味着要对与其相关的其他标准进行相应的调整。在一个标准系统中，每一个要素的性质和行为都会影响到整体的性质和行为。但是这种影响不是孤立进行的，要依赖于其他一个或几个要素的性质和行为。也就是说，系统中的要素没有一个是孤立起作用的，同时每一个要素都会被其他要素所影响。系统越复杂，这种互相影响的关系也越复杂。通过各种途径使相关要素之间重新建立起相互适应的关系，求得稳定结构，这就叫作协调。协调仍然是标准化活动中普遍采用的优化方法。综合标准化就是通过对相关要素的整体协调建立标准系统，发挥系统效应的一种标准化方法。它是从总体效应（目标）出发，在对每个系统要素的功能透彻了解的基础上，再按照功能与结构的制约关系，把这些要素（标准）有机地（或者叫作综合地）组织起来，并使外围要素与核心要素相配合，形成理想的系统结构。这种方法不仅可以使系统结构优化，而且会随着标准化对象的发展，形成功能和结构互相促进、相得益彰的局面。

5. 结构优化原理的实践意义

（1）根据结构优化原理可以得出这样的推论：当标准的数量为一定时，这些标准之间的结构形式不同，其效应也会不同。要注意防止那种片面追求数量而忽视结构优化的倾向。这种倾向会削弱标准的系统效应，降低标准化效果。

（2）以往的标准化比较重视对单个标准的优化。根据结构优化原理，要系统发挥较好的效应，就不能仅仅停留在提高单个标准的质量方面，应该在一定质量的基础上，致力于改进系统结构。改进结构，常常可以收到事半功倍之效。模块化就是通过变革系统结构的方法来提高和改进系统功能的一种标准化形式。

（3）调整系统中要素的组合关系能改进系统的功能。有时采用精简结构要素的办法，减少组成系统中要素的数量和某些不必要的结构，不仅不会削弱系统功能，还可能提高系统功能，这可看成是简化的理论依据。

（4）改进系统的结构可以提高和改进系统的功能，发挥更大的组织效应；反之，不合理的结构会导致对系统功能的削弱。所以，研究标准系统的结构、结构与功能的关系、结构变化的机制、变革结构的方法等，不仅对提高标准的系统效应有现实意义，而且有可能探索出一条发展标准化的新途径。

（三）有序发展原理

1. 标准系统的有序和无序

制定标准、建立标准系统的目的是要用它来解决问题。标准系统是工具，解决问题是目的。自然，工具越是有效，问题会相应地解决得越好。怎样才能使标准系统这个工具更有效呢？这就必须从分析标准系统这个工具的特点入手。系统理论告诉我们，系统的有效性是和系统的有序性密切相关的。

系统的有序性是系统要素间有机联系的反映。系统要素间秩序井然、有条不紊、相互联系、稳定牢固，整个系统具有某种特定的运动方向（如指向共同目标），则表明其有序度高，这样的系统便是稳定的、能充分发挥其功能的系统；反之，要素间的结构松散、混沌、杂乱无章、方向不定（无共同目标），则表明其有序度低，无序度高，这样的系统状态便是不稳定的，其效应一定很低。所以，努力提高系统的有序度是维持标准系统稳定性并充分发挥系统功能的关键。

2. 标准系统有序性的影响因素

为提高标准系统的有序程度，必须了解它的影响因素。标准系统的有序程度受下列因素影响：

1）标准系统的目标

标准系统是人造系统，人们之所以创造标准系统都是有目的的，又因为标准是量化的规定，所以这个目的通常要转换为量化的目标。对于标准系统来说，目标性是它的显著特征。标准系统的目标在系统形成过程中起导向作用。目标指明了这个系统的方向，系统中不论有多少标准都朝着一个方向，指向一个总目标。系统中的每一个标准都知道为实现总目标自己该做什么。这就产生一种使系统内部有序化的机制，令所有要素的行为和运动方向一致，从而产生 $1+1>2$ 的系统效应。

2）系统要素的构成

系统是由要素构成的，标准系统到底应该由哪些要素构成？由多少要素构成？这也是必须认真对待的问题。一般来说，为实现某一特定目标而建立的标准系统，不是越大越好，也不是要素越多越好，理想的状态是用最少的必要标准解决问题。这就是说，必要的标准不能少，无用的标准不能有，这是保证系统有序性的必要前提条件。

3）要素之间的关联

标准系统之所以能产生系统效应，全靠系统中的要素相互配合、相互关联，形成一个有机整体，是这个整体而不是单个的标准发挥作用。

怎么才能使所有的标准互相配合、互相关联并形成一个有机整体呢？它不会自动实现，关键是要协调，而且还必须进行整体协调。只有经过整体协调的系统，它的所有要素才能互相关联，才能把所有标准的目标和运动方向调整到有序状态，舍此则无有序可言。

3. 有序原理的内容

标准系统的功能与其状态相关，标准系统的状态即其组织程度表现为有序或无序，保持或提高标准系统的有序性是提高标准系统功能的基础。这就是标准系统的有序原理。

有序原理告诉我们，建立标准系统的目的是要它发挥更好的作用，怎样才能更好地发挥作用呢？制定恰到好处的适用标准并把它们组织起来，组织得好，有序程度高；组织得不好，有序程度低、无序程度高。有序性或无序性是反映（衡量）标准系统的组织程度或标准系统状态的参量。有序程度越高，系统功能越好；有序程度越低，无序程度越高，系统功能越差。对标准系统进行管理的一项重要任务就是保持或提高其有序程度。

如何提高标准系统的有序程度？除了上文提到的，在建立系统时充分考虑系统目标、系统要素的构成和要素之间的关联之外，系统在运行过程中一旦出现与环境或客观要求不相适应，系统功能降低，就应及时淘汰系统中落后的、低功能的和无用的要素或补充对系统进化有激发力的新要素，这样才能使系统从较低有序状态向较高有序状态转化。

4. 有序原理的实践意义

（1）有序原理告诉我们，标准系统不是越大越好，系统中的标准也不是越多越好。由必要的适用标准组织起来的系统才是有效的。那种贪大求全的做法实不可取。

（2）任何人造系统都是有目的的，尤其标准系统一定要有明确目标，在目的和目标均不明确的情况下建立的标准系统，其内部的各要素不可能有一致的行动方向和努力目标，极有可能形成混乱无序状态。没有明确目标的系统，注定是一个无序的系统，它不会发挥出系统功能。

（3）标准系统的有序状态是整体协调的结果。把一堆标准摆在一起，不可能自动形成有序状态，必须经过整体协调。不经整体协调不可能使要素之间形成互相配合、互相关联

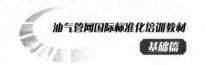

的有序状态，这是标准系统建立过程中最难也是最重要的任务。

（4）当标准系统已经不能适应客观要求时，即系统处于不稳定的无序状态，这时可向系统补充某些具有激发力的、功能水平较高的标准。如果处理得当，它们有可能把系统"拖"到新的稳定有序状态。一旦掌握了这个系统发展的机制，便可以自觉地运用它来推进标准化。例如在较为落后的标准系统中，引进部分先进标准，就可能起到这种激发作用，有可能使原来较为落后的标准系统跃迁到一个新的有序状态。总之，"标准化活动就是我们为从无序状态恢复到有序状态而做出的努力"。

（四）反馈控制原理

1. 标准系统的环境

标准系统的环境是指系统存在和发展的外界条件的总和。系统是离不开环境的，它在与环境不断相互作用下生存和发展。所以，标准系统的运动，不仅依赖于其内部要素的相互作用，同时依赖于它和周围环境的相互作用，这两种作用构成了标准系统发展的动力。

标准系统的环境，是一系列动态系统，它们是经常变化的。标准系统必须能适应这种环境的变化。对环境缺乏适应性的标准系统，是不会有生命力的。因此，研究标准系统的环境及其对标准系统的影响等问题，同样是对标准系统进行宏观管理的重要课题。影响标准系统的环境（经常处于变动状态的）主要有：

（1）市场形势的变化，经济管理和社会行政管理的日益现代化，尤其是相关技术法规的出台都将要求标准系统做相应的调整。

（2）生产结构和社会经济结构的重大变革。例如经济管理体制的改革，地区间的协作，企业的跨国经营等，都要求标准系统具有较强的横向联系的功能，甚至发生系统互相包容（一个系统的输出是另一系统所需的输入）等情况。

（3）科学技术的发展步伐加快，导致产品寿命周期缩短，标准系统的稳定性降低，因而与产品有关的标准系统要经常调整。

（4）贸易范围扩大，即标准系统的外部环境扩展，使标准系统的运行条件发生变化，系统的结构和功能也需相应调整。

（5）属于较高层次的标准系统或同一层次的相关标准系统发生变化时，该标准系统也必然发生变化。

对标准系统进行管理的一个很重要的任务就是经常地、及时地洞察这些环境因素的变化情况、变化趋势，不失时机地对标准系统加以控制和调整，使之与环境的变化相适应。

2. 信息及其反馈

为使标准系统适应环境的变化，首先必须能够感知环境的变化，而要感知环境的变化，就必须从变化的环境中接收信息。没有接收信息和处理、利用信息的能力，就谈不上对系统的控制，也谈不上对环境的适应。

人类从事的标准化活动，从某种意义上可以说就是不断地从外界获得信息并对其进行加工，制定出标准，建立标准系统；在系统的运行过程中还要不断地从外界获得环境变化的信息，对这些信息再加工，并根据所加工的信息对标准系统进行控制，使之与环境相协调的一个无限循环的过程。没有信息就无法对标准系统进行管理，也就无所谓标准化活动。

信息反馈（这里指负反馈）是对标准系统进行管理的前提。任何一个标准系统，尤其是全国性的标准系统，不仅必须有信息反馈，而且必须建立相应的信息反馈子系统，经常地获得必要的信息，迅速地传递，正确地加工和利用。否则，这个标准系统是无法运行的，也是不可能稳定的。

3. 控制

对标准系统来说，控制的含义包括指挥、调节、组织、协调等管理职能。

控制的目的是使系统稳定，或者是使系统内诸要素逐步形成一个具有新功能的新结构，产生更大的系统效应，并使系统与环境相适应。由此可见，无论是系统效应的发挥、系统结构的优化与稳定，还是系统的进化与发展，都离不开控制。

4. 反馈控制原理的内容

标准系统演化、发展及保持结构稳定性和环境适应性的内在机制是反馈控制；系统发展的状态取决于系统的适应性和对系统的控制能力。这就是反馈控制原理，它的含义如下：

（1）标准系统在建立和发展过程中，只有通过经常的反馈（指负反馈），不断地调整同外部环境的关系，提高系统的适应性，才能有效地发挥系统效应，并使系统朝有序程度较高的方向发展。

（2）标准系统同外部环境的适应性和有序性，都不可能自发实现，都需要由控制系统（标准化管理部门）实行强有力的反馈控制。标准化管理部门的信息管理系统是否灵敏、健全，利用信息进行控制的各种技术和行政措施是否有效，即管理系统的控制能力、管理水平如何，对标准系统的发展有重要影响。

（3）标准系统效应的发挥，依赖于标准系统结构的优化；标准系统的稳定是有序化的结果，所以它又依赖于标准系统的演化发展（在发展过程中实现稳定），而所有这一切都离不开反馈控制。由此不仅可以看出反馈控制原理的重要意义，还可看出标准系统的管理原理之间的联系，它们实际上是一个整体，是一个不可分割的理论体系。

5. 反馈控制原理的实践意义

（1）标准系统是人造系统，它需要标准化管理者自觉地运用反馈控制原理主动进行调节，才能使系统处于稳态，没有人的干预它是不会自行达到稳态的。而干预和控制都要以信息反馈为前提。虽然建立了标准系统，如果没有信息反馈，就无法对系统进行控制，系统就将处于失控状态。标准化管理的一项重要任务就是建立信息反馈系统并收集和处理反馈信息。

（2）标准系统的反馈信息要通过标准实施的实践才能得到，如果标准化管理系统不用相当的精力注意标准的实施，就无法得到反馈信息，最后势必还会形成开环控制的局面。

（3）对现代标准系统进行管理的水平，在很大程度上取决于标准化管理部门所收集的信息质量（及时、准确、适用、经济）和对信息传输、加工、处理和使用的能力和效率。所谓标准化管理的现代化，主要是指这方面的现代化，这是信息时代标准化管理水平的重要标志。

（4）为了使标准系统与环境条件相适应，除了及时修订落后了的标准，通过制定指标水平较高的具有抗干扰能力的标准之外，还应尽可能使标准具有一定的弹性，以补偿阶段性造成的功能不足，减缓它对技术进步的反作用，这应该成为标准化的一条原则——弹性原则。对标准指标采取分等、分级的办法，也是提高标准弹性的一种措施。此外，标准系统在环境面前也不完全处于被动地位。标准系统输出的信息，不仅要影响环境、作用于环境，而且要改造环境，如果标准系统没有这个功能它就失去了存在的意义。标准系统在人们的控制下运行，通过改造客观世界，同时改造其自身。

上述这些原理，只是针对标准系统的宏观管理而提出的。这些原理既不是孤立存在的，也不是孤立地起作用。它们不仅密切联系、融成一体，而且相互渗透、相互依存，形成一个理论整体。当然这仍然是很不完备的理论，或者说只是一些思想萌芽。标准化实践是标准化理论的源泉。随着标准化实践的深化和发展，人类对标准化活动规律的认识也必将深化和发展。新的更完善的原理，必将取代旧的即将过时的原理。正如恩格斯所说：我们只能在我们时代的条件下进行认识，而且这些条件达到什么程度，我们便认识到什么程度。对标准化原理的认识也只能在一个无限渐进的过程中实现。

本章要点

本章介绍了标准化的相关概念、研究对象和学科性质及标准化的基本原理，需掌握的知识点包含：

➤ 标准化和标准概念的界定；
➤ 标准化与标准之间的联系；
➤ 标准化学科的研究范围、研究内容、学科性质和与其他学科之间的关系；
➤ 国内外不同学者提出的标准化原理与目前主流的标准化基本原理；
➤ 标准系统的四个管理原理。

参 考 文 献

[1] 李春田，房庆，王平. 标准化概论 [M]. 7版. 北京：中国人民大学出版社，2022.

[2] 国家标准化管理委员会，国家市场监督管理总局标准创新管理司. 国际标准化教程 [M]. 3版. 北京：中国标准出版社，2021.

[3] 刘欣，张朋越. 标准化原理 [M]. 杭州：浙江大学出版社，2021.

[4] 宋明顺，周立军. 标准化基础 [M]. 2版. 北京：中国标准出版社，2018.

第一节　中国标准化法律法规

新中国成立以后，特别是改革开放以来，我国的标准化法治建设取得了长足的进展，逐步建立和完善了标准化法律法规体系，使标准化运行管理有了法律法规依据。我国标准化法律法规体系由于其制定机关不同，可划分为标准化法律、行政法规、地方性法规、部门规章和地方规章五个层次；按性质分为法律、法规、规章三个层次。

一、中国标准化法律法规概况

（一）标准化法律

标准化法律，主要指《中华人民共和国标准化法》（以下简称《标准化法》），于1989年4月1日正式实施，于2017年11月4日由中华人民共和国第十二届全国人民代表大会常务委员会第三十次会议修订通过，修订后的《标准化法》自2018年1月1日起施行。《标准化法》是我国标准化工作的基本法，是我国标准化法治建设的最高形式，是标准化活动的最高准则，也是我国标准化管理的根本法，其对有关标准化的根本问题都做了原则性的规定。此外，《中华人民共和国食品安全法》《中华人民共和国药品管理法》《中华人民共和国环境保护法》《中华人民共和国进出口商品检验法》《中华人民共和国大气污染法》《中华人民共和国水污染法》等法律中也有一系列有关标准化工作的法律规范性要求。

（二）标准化法规

标准化行政法规，主要是指《中华人民共和国标准化法实施条例》（以下简称《实施条例》），国务院于1990年4月6日发布，并于发布之日实施，《实施条例》是对《标准化法》的补充和具体化。此外，国务院发布的许多行政法规中也有一系列有关标准化工作的规范性要求。

标准化地方性法规，是指省、自治区、直辖市及国务院批准的较大的市人民代表大会结合本行政区的具体情况和实际需要，为更好地贯彻《标准化法》及其《实施条例》等法律法规，制定和颁布的有关标准化工作的规范性文件。《上海市标准化条例》于2019年7

月 25 日由上海市第十五届人民代表大会常务委员会第十三次会议修订通过，并于 2019 年 10 月 1 日起施行。《山东省标准化条例》于 2020 年 6 月 12 日经山东省第十三届人民代表大会常务委员会第二十次会议通过，并于 2020 年 8 月 1 日起施行。《江西省标准化条例》于 2020 年 7 月 24 日由江西省第十三届人民代表大会常务委员会第二十一次会议通过，并于 2020 年 10 月 1 日起施行。《广东省标准化条例》于 2020 年 7 月 29 日经广东省第十三届人民代表大会常务委员会第二十二次会议通过，并于 2020 年 10 月 1 日起施行。《山西省标准化条例》于 2020 年 9 月 30 日由山西省第十三届人民代表大会常务委员会第二十次会议通过，并于 2020 年 12 月 1 日起施行。

（三）标准化规章

标准化行政规章（又称为"部门规章"），是指国家标准化行政主管部门及国务院有关行政主管部门根据《标准化法》及其《实施条例》等法律法规，在本部门权限内制定的有关标准化工作的办法、规定、规则等规范性文件。例如《企业标准化管理办法》《能源标准化管理办法》等。《企业标准化管理办法》由原国家技术监督局于 1990 年 8 月 24 日发布，并于发布之日生效；《能源标准化管理办法》由原国家技术监督局于 1990 年 9 月 6 日发布，并于发布之日生效。

标准化地方规章，由各省、自治区、直辖市及国务院批准的较大的市人民政府，根据《标准化法》及其《实施条例》和地方性法规制定和发布，以调整本地区范围内标准化工作的规范性文件。如临汾市为加强地方标准管理，提高标准质量，根据《中华人民共和国标准化法》《山西省标准化条例》，山西省《地方标准管理办法》等法律法规，结合临汾市实际，制定《临汾市地方标准管理办法》。上海市为促进经济社会高质量发展，提高企业联合标准创新，制定《上海市促进浦东新区标准化创新发展若干规定》。

二、中国标准化法律法规体系

（一）标准化法的立法历程

新中国诞生后，党和政府高度重视标准化工作，国家各经济管理部门分别制定了一批部门规章，对各行各业的标准化工作做出了规范性的要求。

1961 年 4 月，国务院审议通过了国家科学技术委员会组织起草的《工农业产品和工程建设技术标准暂行管理办法》，并发布试行，于 1962 年 11 月 10 日正式颁布了《工农业产品和工程建设技术标准管理办法》。

1979 年 7 月 31 日，国务院颁布了《中华人民共和国标准化管理条例》。

1985 年 3 月 7 日，国务院批准了《产品质量监督试行办法》，由国家标准局发布实施。

为适应国家经济和社会发展的形势要求，国务院在总结《中华人民共和国标准化管理条例》多年实践经验的基础上，于 1984 年 4 月提出《标准化法》起草计划，历时近 5 年，于 1988 年 12 月 29 日全国人大审议通过了《标准化法》。《标准化法》的颁布和实施，标志着我国的标准化工作进入法制管理的阶段。

2015 年 3 月，国务院印发《深化标准化工作改革方案》，提出紧紧围绕使市场在资源配置中起决定性作用和更好发挥政府作用，着力解决标准体系不完善、管理体制不顺畅、与社会主义市场经济发展不适应问题，改革标准体系和标准化管理体制，改进标准制定工作机制，强化标准的实施与监督，更好发挥标准化在推进国家治理体系和治理能力现代化中的基础性、战略性作用，促进经济持续健康发展和社会全面进步。

通过 3 年的努力，《标准化法》由中华人民共和国第十二届全国人民代表大会常务委员会第三十次会议于 2017 年 11 月 4 日修订通过。《标准化法》修订坚持问题导向、改革导向和实践导向，在对近 30 年来标准化工作全面总结的基础上，重点解决标准化工作中存在的突出问题，充分吸收标准化改革的成果和实践经验，形成了全新的标准体系、管理体制和运行机制。

（二）主要修订内容

新修订的《标准化法》在内容上突出了以下几个亮点：

（1）建立了标准化协调推进机制，加强对标准化工作的统筹。新修订的《标准化法》明确国务院和设区的市级以上地方人民政府建立标准化协调推进机制，统筹协调标准化工作重大事项，对重要标准的制定和实施进行协调。通过政府牵头统筹，更好地解决标准制定、实施及监督工作中存在的争议和问题。

（2）扩大了标准制定范围，全方位满足经济社会发展需求。新修订的《标准化法》在总结实践基础上，将标准制定的范围扩大到农业、工业、服务业和社会事业等领域，更好地满足新时代更加旺盛的标准化需求。同时，新法确立了新型标准体系，将标准划分为国家标准、行业标准、地方标准、团体标准和企业标准等 5 类；按照属性不同将政府主导制定的标准分为强制性标准和推荐性标准。

（3）加强了强制性标准统一管理，实现"一个市场、一条底线、一个标准"。新修订的《标准化法》精简强制性标准层级，除有例外规定的，仅保留强制性国家标准。同时将强制性标准制定范围严格规定在保障人身健康和生命财产安全、国家安全、生态环境安全及满足经济社会管理基本需要。通过对存量强制性标准的废止一批、转化一批、整合一批、修改一批和对增量强制性标准的加强立项审查，整合精简强制性标准的数量，真正把政府该管的管住管好。

（4）严格限制了推荐性标准范围，提升政府标准质量水平。新修订的标准化法进一步明确国务院标准化行政主管部门、国务院有关行政主管部门、地方人民政府标准化行政主管部门制定推荐性国家标准和行业标准、地方标准的职责，并对推荐性标准制定范围做出限定。在下放地方标准制定权的同时，对设区的市制定地方标准的批准及备案做出规定。

（5）赋予了团体标准法律地位，增加市场标准有效供给。新修订的标准化法明确国家鼓励学会、协会、商会、联合会、产业技术联盟等社会团体协调相关市场主体共同制定满足市场和创新需要的团体标准，并对制定团体标准遵循的原则和要求做出规定，增加标准的有效供给，构建政府主导制定的标准与市场自主制定的标准协调配套的新型标准体系。

（6）建立了企业标准自我声明公开和监督制度，释放企业创新活力。新修订的标准化法取消企业产品标准备案制度，建立企业标准自我声明公开和监督制度，明确企业应当按照标准组织生产经营活动，并公开其执行的产品和服务标准。同时鼓励企业标准通过国家统一的标准信息公共服务平台向社会公开。通过企业标准自我声明公开，增强企业的质量诚信意识和责任意识，保护消费者知情权，实现产品和服务质量社会共治。

（7）加强了对标准制定和实施的监督，实现标准提质增效。新修订的标准化法增加一章，进一步加强对标准制定和实施的监督。在立项环节，规定对制定标准的必要性、可行性进行论证评估；在制定环节，规定对标准内容进行实验验证，并采取便捷有效的方式征求意见，同时进一步明确标准化技术委员会的作用；在标准制定后，规定行业标准、地方标准备案，团体标准、企业标准自我声明公开；在标准实施后，规定制定部门开展实施信息反馈、评估和复审，及时修订或者废止标准，并建立强制性标准实施情况统计分析报告制度。针对违反强制性标准的技术要求、违反标准制定原则等违法行为，规定了不同的监督措施和法律责任。通过建立事前事中事后全方位的监管制度，实现标准的提质增效。

新修订的标准化法还有很多制度创新，如鼓励参与国际标准化合作制度，标准公开制度，标准编号规则制度，标准化军民融合和资源共享制度，标准化表彰奖励制度，标准化试点示范制度等。

（三）标准化法的立法宗旨和特点

《标准化法》的目的是运用标准化手段，发展社会主义市场经济，提升产品和服务质量，促进科学技术进步，提高经济社会发展水平，维护国家和人民的利益。《标准化法》是我国标准化工作的基本法，修订《标准化法》的基本特点概括为以下三个方面：

（1）适应经济社会发展新要求，不断拓展标准范围，满足人民群众对美好生活的向往。新修订的标准化法明确了农业、工业、服务业及社会事业的各个领域都需要统一技术要求，而且应当制定标准。这样才能够更好地满足人民群众对美好生活的需要，让标准在满足人民群众对美好生活的向往和追求中发挥作用。

（2）促进技术进步与创新，适应建设质量强国、创新大国的需求，发挥市场主体活力。标准是国家的质量基础设施，在推动供给侧结构性改革和质量的提升，促进社会经济高质量发展中发挥着引领性、支撑性的作用。标准化工作已经渗透到生活的方方面面，标准化工作是提升产品和服务质量，建设质量大国，提高经济社会发展水平，支撑中国经济社会转型升级的杠杆和基础。标准也是促进技术进步、促进创新成果转化的桥梁和纽带，标准能加快市场化和产业化步伐，引领新业态、新模式发展壮大。修订后的《标准化法》构建了政府标准与市场标准协调配套的新型标准体系，能更好发挥市场主体活力，增加标准有效供给。

（3）鼓励参与国际标准化竞争活动，适应我国参与全球治理的需要，争取话语空间。

标准是世界的通用语言，也是国际贸易的通行证，国际标准更是全球治理体系和经贸合作发展的重要技术基础，世界需要标准协同发展，标准促进世界互联互通。标准化在便利国际经贸往来、技术交流、产能合作等各个方面的作用越来越凸显。修订后的《标准化法》首次提出了国家要积极推动参与国际标准化活动，开展标准化的对外合作与交流。特别是要鼓励中国的企业、社会团体、教育科研机构要积极参与到国际标准化活动中，同时也鼓励要参加到国际标准的制定工作中，推进中国标准与国外标准之间要相互转化和应用。随着中国经济社会的发展，一方面要结合中国国情来采用国际标准，另一方面，要推动中国标准向国际标准转化，推动中国标准在国际上的推广和应用，用标准化工作助力中国更高水平的对外开放。

（四）标准化法的配套法规和规章

我国现行标准化法律法规体系由《中华人民共和国标准化法》、与《标准化法》配套的标准化法规规章及其他涉及标准化事项的法律构成（见图2-1）。

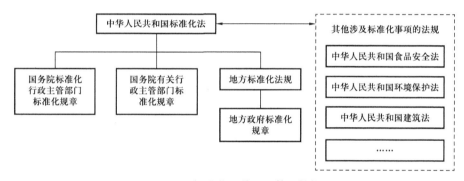

图2-1 标准化法律法规体系结构

1. 国务院标准化行政主管部门标准化规章

国务院标准化行政主管部门标准化规章指原国家技术监督局和国家质量监督局检验检疫总局颁布的一系列有关标准化工作的规章，其内容涵盖了国家标准、行业标准、地方标准和团体标准的制定，标准出版，标准档案管理及能源、农业和企业标准化管理等。表2-1列出了国务院标准化行政主管部门的主要标准化规章。

表2-1 国务院标准化行政主管部门标准化规章

序号	规章名称	颁布部门	颁布日期	是否有效
1	采用国际标准管理办法	国家质量监督检验检疫总局	2001.11.21	有效
2	地理标志产品保护规定	国家质量监督检验检疫总局	2005.05.16	2023年修订为《地理标志保护办法》，自2024年2月1日起实施
3	国家指导性技术文件管理规定	国家质量技术监督局	1998.12.24	有效

序号	规章名称	颁布部门	颁布日期	是否有效
4	国家标准英文版翻译出版工作管理暂行办法	国家标准化管理委员会	1998.04.22	2016 年 8 月 26 日，国家标准化管理委员会颁布并实施《国家标准外文版管理办法》，原办法同时废止
5	进口机电产品标准化管理办法	国家质量技术监督局	1998.03.10	有效
6	采用快速程序制定国家标准的管理规定	国家质量技术监督局	1998.01.08	有效
7	标准出版管理办法	国家技术监督局	1997.08.08	有效
8	国家农业标准化示范区管理办法（试行）	国家标准化管理委员会	2007.10.22	有效
9	采用国际标准产品标志管理办法（试行）	国家技术监督局	1993.12.03	有效
10	采用国际标准产品标志管理办法（试行）实施细则	国家技术监督局	1994.05.10	有效
11	参加国际标准化组织（ISO）和国际电工委员会（IEC）国际标准化活动管理办法	国家标准化管理委员会	2014.12.30	有效
12	标准出版发行管理办法	国家技术监督局	1991.11.07	有效
13	标准档案管理办法	国家市场监督管理总局	1991.10.28	2020 年 7 月 13 日，国家市场监督管理总局决定对《标准档案管理办法》予以废止，自公布之日施行
14	农业标准化管理办法	国家市场监督管理总局	1991.02.26	2024 年 1 月 10 日，国家市场监督管理总局颁布并实施《农业农村标准化管理办法》，原办法同时废止
15	能源标准化管理办法	国家技术监督局	1990.09.06	有效
16	地方标准管理办法	国家市场监督管理总局	2019.12.23	有效
17	全国专业标准化技术委员会管理办法	国家市场监督管理总局	2017.10.30	有效
18	企业标准化管理办法	国家市场监督管理总局	1990.08.24	2024 年 1 月 1 日，国家市场监督管理总局颁布并实施了《企业标准化促进办法》，原办法同时废止
19	国家标准管理办法	国家市场监督管理总局	1990.08.24	2022 年 9 月 10 日，国家市场监督管理总局颁布并实施了《国家标准管理办法》，原办法同时废止
20	行业标准管理办法	国家技术监督局	1990.08.24	有效
21	标准化科学技术进步奖励办法	国家技术监督局	1990.05.09	有效

序号	规章名称	颁布部门	颁布日期	是否有效
22	国家实物标准暂行管理办法	国家市场监督管理总局	1986.01.02	2021年5月31日，国家市场监督管理总局颁布并实施了《国家标准样品管理办法》，原办法同时废止
23	技术引进和设备进口标准化审查管理办法（试行）	国家标准局 / 国家计划委员会 / 国家经济委员会 / 国家科学技术委员会 / 对外经济贸易部	1984.12.15	有效
24	机电新产品标准化审查管理办法	国家机械工业委员会 / 国家经济委员会 / 国家标准总局	1981.03.14	有效
25	认证认可技术与标准化工作管理规定	国家认证认可监督管理委员会	2005.05.19	有效
26	团体标准管理规定	国家质量监督检验检疫总局、国家标准化管理委员会委、民政部	2019.01.09	有效
27	强制性国家标准管理办法	国家市场监督管理总局	2020.01.06	有效

2. 国务院其他行政主管部门标准化规章

国务院其他行政主管部门标准化规章主要涉及其行业标准的管理。例如国家发展和改革委员会于2005年发布的《行业标准制定管理办法》，就规定了其行业标准的适用范围、制定原则、管理权限，主体内容规定了其行业标准制定全过程的步骤和要求，将标准制定程序划分为立项、起草、审查、报批、批准和公布、出版、复查阶段，并规定了每个阶段的具体步骤和要求。

3. 地方标准化法规和地方政府标准化规章

地方标准化法规和地方政府标准化规章主要规定本行政区域地方标准的管理工作和国家标准、行业标准的实施细则。

（五）其他涉及标准化事项的法律

由于标准化所涉及的国民经济和社会发展的领域较广，涉及公共领域和健康安全、环境保护的事项较多。因此，除了《标准化法》及其配套法规外，其他一些专门法律也涉及其专项标准化的相关规定。目前，国家法律中有20多部法律涉及专门标准或标准化的规定。这些法律主要包括《中华人民共和国食品安全法》《中华人民共和国建筑法》《中华人民共和国环境保护法》《中华人民共和国大气污染防治法》《中华人民共和国海洋环境保护法》《中华人民共和国药品管理法》《中华人民共和国职业病防治法》《中华人民共和国农业法》《中华人民共和国节约能源法》《中华人民共和国产品质量法》《中华人民共和国进出口商品检验法》《中华人民共和国计量法》《中华人民共和国进出境动植物检疫法》等。

在这些专门法中，有的对专门国家标准的制定主体及其职能做出了规定，如《中华人民共和国食品安全法》《中华人民共和国环境保护法》等；有的对标准的实施措施做出了具体的规定，如《中华人民共和国食品安全法》《中华人民共和国建筑法》《中华人民共和国农业法》等；有的对有关各方违反相关标准应承担的法律责任做出了明确的规定，如《中华人民共和国食品安全法》《中华人民共和国职业病防治法》等。

第二节　国外标准化法律法规

一、俄罗斯联邦标准化管理的法律及政策

（一）《俄罗斯联邦标准化法》

1991 年苏联解体后，俄罗斯联邦成为完全独立的国家，开始全面实行市场经济体制。为了适应社会转型、经济转轨的需要，使俄罗斯标准化管理体制由计划经济管理模式向市场经营管理模式转变，俄罗斯联邦政府先后出台了《俄罗斯联邦标准化法》《俄罗斯联邦技术法规法》《全国标准化体制发展构想》等一系列法律和政策，并不断更新、修订和完善。这些法律性文件引领了俄罗斯标准化工作的改革，为俄罗斯联邦标准化的发展提供了重要的法源依据。

《俄罗斯联邦标准化法》（以下简称《标准化法》）是由俄罗斯联邦第一任总统叶利钦签署第 5154-1 号总统令，经俄罗斯联邦最高苏维埃主席哈斯布拉托夫签署决议，于 1993 年 6 月 10 日通过，这是俄罗斯颁布的第一部标准化法，也是前苏联建立以来颁布的第一部标准化法律，标志着俄罗斯标准化工作从此步入了法治化轨道。

《标准化法》的最大特点在于具有明显的过渡性质，旨在由计划经济向市场经济转轨的条件下，引导标准化工作由强制性标准体系向自愿性标准体系过渡，逐步实现与国际 / 欧洲标准的协调趋同。因此，虽然名义上取消了强制性标准，标准封面上也不再注明"违反标准，依法必究"等字样，但是在许多标准中仍含有强制性条款，国家机关、经济活动主体及社会团体等都必须贯彻执行，其计划经济管理模式的痕迹仍十分明显，如国家对标准的实施进行监督检查等。《标准化法》的发布与实施对于俄罗斯由强制性标准向自愿性标准过渡，实现与国际惯例接轨，实现与国际标准，特别是与欧洲标准的趋同一致发挥了重要作用。

（二）《俄罗斯联邦技术法规法》

经过十年的实践检验，《标准化法》仍与市场经济的要求不相适应，对国民经济和社会发展、科技进步和国家安全都造成了影响。为此，2002 年 5 月 31 日，俄罗斯联邦政府颁布了《俄罗斯联邦技术法规法》（以下简称《技术法规法》）。自该法生效之日起，1993

年发布的《俄罗斯联邦标准化法》及其修正案即行失效。

该法是根据世界贸易组织技术性贸易壁垒协定（WTO/TBT 协定）的相关规定，对俄罗斯标准化管理体制及运行机制进行了根本性改革，适用于技术立法、标准化、合格评定及相关活动领域。

《技术法规法》的理念是进步的，其规定有关人身安全、动植物安全、生态安全方面的强制性要求对相关的技术法规加以调整，而国家标准今后将是自愿采用的。其发布实施推动了俄罗斯在市场经济条件下集中力量进行安全调控工作，深化了俄罗斯标准化工作的进一步改革，并为实现保护俄罗斯公民健康和安全的目标起到积极的推动作用。

（三）《全国标准化体制发展构想》

为了进一步加强俄罗斯的标准化工作，2006 年 2 月 28 日，俄罗斯联邦政府出台了《全国标准化体制发展构想》（以下简称《构想》）方案，并要求联邦各权力执行机关在技术法规工作中予以考虑实施。

《构想》是根据俄罗斯联邦宪法、法律、法规及国际标准化有关文件，在原有国家标准经历了几十年技术调控改革的基础上编制的，目的是使全国标准化体制在经济全球化条件下，保证国家、经营管理主体、社团组织和消费者之间的利益平衡，提升俄罗斯的经济竞争能力；在提升产品、工程和服务质量的基础上，为经营活动创造良好的发展条件。《构想》规定了俄罗斯联邦到 2010 年发展国家标准化体制的目标、原则、任务和方向。

2006 年 2 月 28 日，俄罗斯联邦政府总理米哈伊尔·弗拉德科夫签发第 266-P 号政府令，批准了《全国标准化体制发展构想》方案，并要求联邦各权力执行机关在技术法规的制定工作中予以考虑实施。

二、欧洲标准化法规

2012 年欧洲议会和欧盟理事会先后正式投票通过欧洲标准化的 1025/2012 号法规（以下简称"1025/2012 号法规"），主要内容包括以下几方面：

（一）欧洲标准化组织、国家标准化机构、成员国及欧盟委员会之间的合作规则

该法规从要求标准化机构工作项目和标准制定信息透明的角度，确立了欧洲标准化组织、国家标准化机构、成员国及欧盟委员会之间的合作规则。根据该法规，每个欧洲标准化组织和国家标准化机构应每年发布年度标准化工作计划，并在其网站或其他可公开获得的网站上进行公布，同时在国家标准化活动出版物或欧洲标准化活动出版物上刊登年度标准化工作计划发布的通知。在发布年度标准化工作计划之前，每个欧洲标准化组织和国家标准化机构应通知其他欧洲标准化组织、国家标准化机构和欧盟委员会。欧盟委员会应将这些信息通报给各成员国。在标准制定信息沟通方面，该法规要求每个欧洲标准化组织和国家标准化机构根据其他欧洲标准化组织、国家标准化机构或欧盟委员会的请求以电子形式将其任何国家标准、欧洲标准或欧洲标准化可提供使用文件草案发给这些欧洲标准化组织、国家标准化机构或欧盟委员会，且应在 3 个月内对收到的来自其他欧洲标准化组织、

国家标准化机构或欧盟委员会关于标准草案的任何评议做出答复，并充分考虑这些意见。此外，国家标准化机构被要求能够使其他成员国有机会提交对标准草案的评论意见，使其他国家标准化机构能够通过选派观察员被动或主动参与规划内的活动。

（二）支撑欧盟法规和政策的欧洲标准和欧洲标准化可提供使用文件的制定规则

该规则明确了支撑欧盟法规和政策的产品和服务的欧洲标准和欧洲标准化可提供使用文件，从标准制定计划的产生、标准化委托书的发出和接受、相关的经费资助、标准文本与标准化委托书的符合程度评估，直至标准正式发布的全过程的要求。规则要求：欧盟委员会应在咨询欧洲标准化组织、接受欧盟资助的欧洲利益相关方组织及相关领域专家后，确定和批准通过本年度拟委托欧洲标准化组织制定的欧洲标准和欧洲标准化可提供使用文件。欧洲标准化组织在接到委托请求 1 个月内表明是否接受该委托请求。针对有经费资助的标准化委托书，欧盟委员会在收到接受委托请求两个月内通知相关的欧洲标准化组织相关拨款事宜。欧洲标准化组织在标准的制定工作过程中，应向欧盟委员会通报活动进展。标准完成后，欧盟委员会会同欧洲标准化组织评估标准文本与标准化委托书的符合程度。符合要求的标准文本由欧盟委员会在欧盟官方公报上发布。

（三）有资格在公共采购中引用的信息与通信技术（ICT）规范的识别规则

该法规明确了有资格在公共采购中引用的 ICT 技术规范应满足的要求及欧盟委员会识别、收回识别 ICT 技术规范的程序要求。指出，欧盟委员会应在咨询由欧洲标准化组织、成员国和利益相关方组成的欧盟 ICT 标准化多边利益相关方论坛或以其他形式咨询部门专家后批准识别 ICT 技术规范或收回对 ICT 技术规范的识别。有资格在公共采购中引用的 ICT 技术规范应满足的要求包括：（1）技术规范具有市场接受性，其实施不会妨碍与现行欧洲标准或国际标准实施的互用性。（2）技术规范不与欧洲标准（包括在合理的期限内批准通过的不能预见的新欧洲标准、没有获得市场占有率的现行标准或已被淘汰标准、在合理的期限内由技术规范转化的不能预见的欧洲标准化可提供使用文件）冲突。（3）技术规范由非营利性的专业社团、产业或行业协会或任何其他在其领域中具有专业技能的会员组织制定，而非欧洲标准化组织、国家或国际标准化机构。其制定过程满足公开、协商一致、透明等要求。（4）技术规范应满足如下 6 方面的要求：① 可维护性。对已发布规范的不间断的支持和维护长期有保障。② 可获得性。技术规范在合理的条件下（包括支付合理的费用或免费）可被公开获得、实施和使用。③ 实施规范的必要知识产权在（公平）合理和非歧视基础上可授权申请者使用，包括根据对知识产权持有人的判断，许可必要知识产权而不收取补偿金。④ 相关性。技术规范是有效和相关的，技术规范需要反映市场需求和法规要求。⑤ 中立和稳定性。无论何时，技术规范都是以性能为导向的，而不是以设计或描述性特征为导向。技术规范不能扭曲市场或限制实施者基于该技术规范进行创新的可能性。技术规范基于先进的科学和技术研发成果。⑥ 质量。技术规范的质量和水平足以促进各式各样的互操作性产品和服务的竞争性实施。标准化的界面不是隐藏的或被除了批准技术规范的组织以外的任何人控制的。

（四）欧洲标准化经费资助规则

该法规明确了欧盟对标准化组织和其他欧洲组织给予经费资助的活动的范围（见表2-2）。对于代表中小企业、消费者、环境利益及社会利益的欧洲组织，该法规还确立了这类欧洲组织申请欧盟经费资助所应具备的条件。此外，法规还明确了欧盟向相关标准化组织提供经费资助的方式和经费管理的要求。

表2-2　欧盟对标准化组织和其他欧洲组织的经费资助

组织类别	组织细分	可获得欧盟经费资助的活动
标准化组织	欧洲标准化组织 CEN、CENELEC、ETSI	1. 制定和修订支撑欧盟立法和政策所必需的欧洲标准或欧洲标准化可提供使用文件； 2. 核实欧洲标准或欧洲标准化可提供使用文件的质量及与相应的欧盟立法和政策的符合程度； 3. 与欧洲标准化有关的预备或辅助工作，包括研究、合作活动（包括国际合作）、研讨会、评价、对比分析、科研工作、实验工作、跨实验室测试、合格评价工作，以及确保在不影响基本原则尤其是对所有利益相关方公开、质量、透明和协商一致的情况下，缩短欧洲标准或欧洲标准化可提供使用文件制修订周期的方法； 4. 欧洲标准化组织中央秘书处活动，包括政策制定、标准化活动的协调、技术工作的推进，以及向感兴趣的各方提供信息； 5. 支撑欧盟立法和政策的欧洲标准或欧洲标准化可提供使用文件转化为除欧洲标准化组织工作语言之外的欧盟官方语言，或在理由合乎情理的情况下，转化为非欧盟官方语言的其他语言； 6. 起草解释、说明和简化欧洲标准或欧洲标准化可提供使用文件的信息，包括用户指南、标准摘要、最佳实践、意识培养行动、战略、培训项目的起草； 7. 寻求开展技术援助项目的活动，与第三世界国家的合作，以及向欧盟和国际上的利益相关方推广和宣传欧洲标准化系统、欧洲标准和欧洲标准化可提供使用文件的活动
	国家标准化机构	国家标准化机构与欧洲标准化组织联合承担的上述7个方面的活动
	其他机构	1. 向 CEN、CENELEC 和 ETSI 制定和修订支撑欧盟立法和政策所必需的欧洲标准或欧洲标准化可提供使用文件提交技术贡献； 2. 与 CEN、CENELEC 和 ETSI 合作开展与欧洲标准化有关的预备和辅助工作、技术援助项目、与第三世界国家合作项目，以及向欧盟和国际上的利益相关方推广和宣传欧洲标准化系统、欧洲标准和欧洲标准化可提供使用文件的活动
其他欧洲组织	代表中小企业、消费者、环境利益以及社会利益的欧洲组织	1. 这些组织的运行及与欧洲和国际标准化有关的活动，包括技术工作的推进及为成员和其他感兴趣的方面提供信息； 2. 提供与评估欧洲标准和欧洲标准化可提供使用文件需求和制定欧洲标准和欧洲标准化可提供使用文件有关的法律和技术专业知识，以及专家培训； 3. 参与制修订支撑欧盟立法和政策所必需的欧洲标准和欧洲标准化提供使用文件的技术工作； 4. 向包括中小企业和消费者在内的感兴趣的各方推广欧洲标准和欧洲标准化提供使用文件

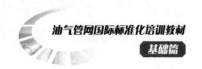

（五）利益相关方参与欧洲标准化的规则

在欧洲区域层面，该法规要求欧洲标准化组织 CEN、CENELEC 和 ETSI 鼓励和促进包括中小企业、消费者组织和环境与社会利益相关方在内的所有的利益相关方，尤其是根据该法规接受欧盟资助的欧洲利益相关方组织有效参与其标准化活动。此外，还要求它们鼓励和促进企事业单位、研究中心、大学及其他法人实体在技术层面参与具有重要政策或技术创新影响的新兴领域的标准化活动。在国家层面，该法规要求国家标准化机构通过在其年度工作计划中设立中小企业感兴趣的标准化项目、在其官网上免费提供标准摘要、使中小企业免费获得标准草案等措施鼓励和促进中小企业参与标准化。从成员国的角度，该法规要求成员国鼓励公共机构（包括市场监管机构）参与欧盟委员会委托标准化机构制定修订标准的活动。

三、法国标准化法律法规

1918 年以来，法国政府先后颁布了一系列标准化法律法规来指导法国标准化工作，尤其是在 2009 年发布《关于标准化的第 2009-697 号法令》之后，法国标准化工作有了重大的改革和发展。法国在开展本国标准化工作时，非常注重各相关方的协调分工，通过各相关方的不同作用，共同推动本国标准化工作的发展。另外，法国十分重视国际标准化活动，通过与不同机构建立联系，提升其在国际标准化舞台的作用。而且，法国还通过发布《法国标准化战略》，为其标准化工作明确未来发展方向。

1918 年以来，法国政府颁布了一系列标准化相关的法律法规（见表 2-3），为法国标准化工作提供重要的法律依据。其中，《关于标准化的第 41-1987 号法律》《关于标准化的第 84-74 号法令》《关于标准化的第 2009-697 号法令》在法国标准化工作中发挥着重要的作用。

1941 年 5 月 24 日，法国颁布了标准化法，即《关于标准化的第 41-1987 号法律》，明确了标准化工作是一项公益事业，确定了政府和标准化组织的各自任务和它们之间的关系。该法律经过多次修订，目前该法律最新版本中共两个条款，内容只涉及标准化的管理问题，规定由经济、财政、农业和工业生产部部长签署法令来确立法国的标准化管理工作。1984 年 1 月 26 日，依据《关于标准化的第 41-1987 号法律》，法国发布了《关于标准化的第 84-74 号法令》，该法令共 21 条，对法国标准化的目的（第一条），以及部级标准工作组（第二条、第三条）、部级标准化代表（第三条、第四条）、法国标准化协会AFNOR（第五条、第六条）、标准化委员会（第七条）的职责分工进行了规定。为进一步加强标准化工作，在贸易工业部内成立了标准化高级委员会，由政府官员、行业代表和用户代表组成，委员会的秘书处工作由 AFNOR 负责。该委员会的职责是根据国家经济和国际形势发展需求，向贸易工业部长提出有关标准化的方针政策建议，并就标准化工作年度计划接受咨询，进行审议。

表 2-3　法国标准化相关的法律法规（1918 年以来）

序号	名称	时间
1	关于标准化常设委员会的法令	1918 年 6 月 10 日
2	关于建立标准化高级委员会的法令	1930 年 4 月 24 日
3	关于法国标准化组织的调令	1930 年 5 月 23 日
4	关于建立标准化工作监督委员会的法令	1939 年 1 月 11 日
5	关于标准化的第 41-1987 号法律	1941 年 5 月 24 日
6	关于承认法国标准化协会的公共利益的法令	1943 年 3 月 5 日
7	确定法国标准化协会行政理事会改组办法的法令	1967 年 9 月 29 日
8	关于同意对法国标准化协会规则制度进行修改的法令	1968 年 1 月 12 日
9	关于扩大各部委负责制定标准、监督标准使用等事项官员的职责	1975 年 8 月 13 日
10	关于各部委负责制定标准及具有标准性质的技术文件并监督标准执行的主管人员的职责	1975 年 8 月 13 日
11	关于标准化高级委员会的第 84-73 号法令	1984 年 1 月 26 日
12	关于标准化的第 84-74 号法令	1984 年 1 月 26 日
13	关于标准化的第 2009-697 号法令	2009 年 6 月 16 日

之后，《关于标准化的第 84-74 号法令》经过多次修订，在 2009 年 6 月 16 日《关于标准化的第 2009-697 号法令》发布后废止。该法令是基于《关于标准化的第 41-1987 号法律》《关于承认法国标准化协会的公共利益的法令》和《关于标准化的第 84-74 号法令》等制定，是法国标准化领域的重要法律文件，对法国标准化管理体制做出了重要规定，推动了法国标准化工作的改革和发展。2021 年 11 月 10 日发布第 2021-1473 号法令——《修订〈关于标准化的第 2009-697 号法令〉》，修订后的《关于标准化的第 2009-697 号法令》共五章 20 条：第一章（第 1 条～第 4 条）确定了法国标准化管理体系，规定了政府在法国标准化管理中的职能；第二章（第 5 条～第 10 条）规定了法国标准化协会（AFNOR）的职能与任务；第三章（第 11 条～第 16 条）明确了法国标准的制定和认证；第四章（第 17 条）规定了法国标准的实施；第五章（第 18 条～第 20 条）对修订条款、法令有效期等内容进行规定。

四、中亚国家标准化法律法规

中亚国家通过制修订标准化领域法律条款，规范标准化行为，最终以"技术调节法"或"标准化法"的形式正式发布标准化相关规定，作为开展标准化领域活动的法律依据。

2018 年 10 月 5 日，哈萨克斯坦发布实施《标准化法》，在此之前关于标准化的有关法规在《技术调节法》中加以规定。新《标准化法》全文共 8 章 38 条，旨在结合国际先进经验，建立一个全新的国家标准化体系。该法作为国家标准化体系运作的法律基础，提出了国家军用标准、跨国标准等概念，指出标准化对象是受标准化影响或控制的产品、过程和服务，标准化目的是消除技术性贸易壁垒，为融入国际标准化体系创造条件。同时，指出当哈萨克斯坦与他国签署标准化领域合作协议后，在哈萨克斯坦经济特区内，可直接采用他国标准。

乌兹别克斯坦在标准化领域的法律法规为《标准化法》，全文共 4 章 12 条。其明确指出：从他国进口的产品应符合乌兹别克斯坦现行技术规程或标准的强制性要求。对遵守标准强制性要求开展国家监督，专门设有国家检查员，对是否符合标准的强制性要求进行检查，有权要求不符合标准强制性要求的产品禁止生产或暂停出售并给予一定罚款，拒不执行的，其经营活动主体和企业负责人承担相应行政责任。

吉尔吉斯斯坦在标准化领域的基本法规为《技术调节法》，全文共 10 章 45 条，其中第三章对标准化目标、原则、标准化文件、国家标准化机构、标准化技术委员会、国家标准制修订程序及团体标准作了规定。该法指出要优先采用国际标准，标准化原则是自愿采用标准，并在标准制定、通过、适用及采用时应最大限度地考虑各利益相关者的利益。同时，指出使用国际标准、区域性标准及规则作为制定国家标准的基础。

塔吉克斯坦在标准化领域的法律为 2010 年发布的《标准化法》，全文共 4 章 20 条。《标准化法》中指出国家标准可公开获取，但需要通过付费方式从国家标准化主管机构获取。其标准化工作经费除国家预算资金外，还主要包括了销售标准收入和开展标准化服务的费用。符合国家标准的产品、标准化项目授予国家标准符合性标识。

土库曼斯坦在 2012 年发布《标准化法》，全文共 4 章 21 条，用于调节标准化领域活动相关的关系，为土库曼斯坦标准化奠定了法律和组织基础。该法明确规定了标准化法的适用范围、标准化目的、标准化领域国家检验和监督机关的职责和权限，以及标准文件的形式、类别、内容、保存等。《标准化法》中规定，根据国际合作协议（条约），以及授权机构与相关国际、区域标准化组织签订的协议采用国际标准、跨国（区域性）标准、其他国家标准。同时指出，在不涉及国家或商业机密的情况下，自然人和法人可自由访问规范性文件的官方信息并获取文件本身。

五、日本标准化法律法规

日本的标准化法律主要包括两部分：一是 1949 年通过的《工业标准化法》及与之配套的《工业标准化法施行规则》等一系列省令和政令，《工业标准化法》历经多次修正，目前最新版本为 2018 年颁布、2019 年实施的；二是 1950 年通过的《日本农林标准等相关法》及与之配套的《日本农林标准等相关法施行令》《日本农林标准等相关法施行规则》等一系列的省令和政令，《日本农林标准等相关法》同样历经多次修正，目前的最终版本为 2017 年颁布并实施的。

日本经济产业省负责《工业标准化法》的编制、修正及有关的行政管理工作。日本农林水产省负责《日本农林标准等相关法》的编制、修正，并且制定和推广日本农林水产标准。

（一）《工业标准化法》

《工业标准化法》旨在通过合理的工业标准的制定和推广促进工业标准化，提高产品质量和生产效率，实现交易的简单化及使用或消费的合理化，最终提升公共福利。它主要由两部分构成，一部分是日本工业标准（JIS）的制定，另一部分是 JIS 的合格评定制度。

JIS 的制定，由总务省、文部科学省、厚生劳动省、农林水产省、经济产业省、国土交通省和环境省等 7 个行政省厅各自负责，日本工业标准调查会（JISC）的职责仅为 JIS 的调查和审议。同时，根据日本《工业标准化法施行规则》，各主管大臣在涉及到与其他大臣权限范围或与其他大臣职责交叉重合时，必须与这些大臣协商处理。《工业标准化法》规定了两种制定标准的途径，一是编制标准模式，即由各主管省厅组织制定标准草案，交由 JISC 审议通过后批准发布为 JIS；二是认可标准模式，即主管省厅根据相关规定认可行业标准化组织，这些被认可的行业标准化组织制定的标准，无需经 JISC 审议，直接由主管省厅审核、标准批准发布为 JIS。

JIS 的合格评定制度包括两部分：（1）JIS 标志的标识制度。首先，由主管大臣从 JIS 中选出对保护普通消费者利益、保证安全卫生、防止公害和灾害发生有明显效果的产品标准或者加工技术标准，并且指定这些标准作为 JIS 标志标识制度的对象。其次，按照规定程序对申请 JIS 标志的产品进行审核，当这些产品被认为符合 JIS 规定的条件时，则可以在其产品或包装上使用"JIS 标志"进行标识。（2）试验事业者认可制度。它是指从事产品试验业务的"试验事业者"，可根据主管省厅的法令，向主管大臣申请实验室的认可；经认可的试验事业者在经认可的试验方法范围内，可以发行带有特别标志的认可符号。

（二）《日本农林标准等相关法》

《日本农林标准等相关法》旨在通过制定恰当、合理的农林产品标准并加以普及，提高产品质量和生产效率，实现交易的简单化及使用或消费的合理化，同时通过建立与农林产品品质有关的标识制度，帮助一般消费者进行选择，以提升公共福利。

《日本农林标准等相关法》的内容主要由两部分组成。一是日本农林标准（JAS）的制定。JAS 由农林产品标准调查会审议，农林水产省批准发布，包括食品、酒精以外的饮料和林业产品的质量和生产方法标准。二是 JAS 标识制度。为了便于消费者进行选择，生产者和制造商等商业实体必须在获得相关认证机构的认证后，在符合 JAS 标准的产品包装上加贴 JAS 标识。

六、韩国标准化法律法规

宪法作为一个国家的根本法，具有最高的法律效力，是制定其他法律的依据，对于一国的制度建设具有决定性的作用。纵观世界各国，韩国是首个将标准制度写入宪法的国家。《大韩民国宪法》第 127 条第 2 款规定，国家确立国家标准制度。为落实《大韩民国宪法》的规定，韩国建立起支撑标准制度的法律体系，包括《国家标准基本法》《工业标准化法》《计量法》和其他涉及标准化事项的法律（如图 2-2 所示）。其中，《国家标准基本法》《工业标准化法》及其配套法规规章构成韩国标准化法律体系。

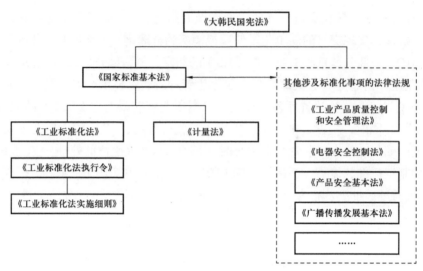

图 2-2　确立和支撑韩国国家标准制度的法律体系

（一）《国家标准基本法》

《国家标准基本法》于 1999 年 2 月出台，之后于 2009 年至 2018 年进行了 7 次修订。目的在于促进科技创新、工业结构升级以支持向信息社会的转变，通过规定国家标准制度的基本事项来提高国家竞争力和公共福利。《国家标准基本法》适用于所有受科学技术影响的各领域的社会和经济活动。

《国家标准基本法》确立了韩国国家标准制度的构成，规定了政府、高校、各研究机构和企事业单位等的责任和义务，明确了韩国国家标准制度的建立、运行和管理的要求，为韩国标准化的发展提供了顶层制度保障。根据《国家标准基本法》，韩国国家标准制度涉及成文标准、标准物质、计量、校准、符合性评定、实验室认可等方面，是一部涵盖国家标准规划、制定和应用的综合性法律。

（二）《工业标准化法》

《工业标准化法》于 1961 年 9 月出台，之后于 1992 年至 2018 年进行了 16 次修订。目的在于通过制定和传播适用的工业标准支持质量管理，提升矿业和制造业工业产品和涉及工业活动的服务质量、生产效率和技术，从而提高产业竞争力和国民经济水平。《工业标准化法》规定了韩国产业通商资源部（Ministry of Trade，Industry and Energy，MOTIE）的职责、工业标准审议会（Industrial Standards Council，ISC）的设立、韩国工业标准（KS）的制（修）定、KS 认证、工业标准化的推广、韩国标准协会（Korean Standard Association，KSA）的设立等内容。

为支撑《工业标准化法》的实施，以总统令的形式发布了《工业标准化法执行令》和《工业标准化法实施细则》，进一步细化了《工业标准化法》的要求。《工业标准化法》及配套的《工业标准化法执行令》和《工业标准化法实施细则》是针对韩国工业标准而制定的法律文件，确立了韩国产业通商资源部（MOTIE）、韩国技术标准署（Korea Agency for Technology and Standards，KATS）、工业标准审议会（ISC）和韩国工业标准（KS）的法律地位，明确了各方职责、相互合作关系和责任义务，引领和推动着韩国标准化管理体制的改革和发展，确保了韩国标准化在国家的经济、安全和新技术等领域发挥重要作用。

第三节　油气管道标准化法律法规

一、美国管道法律法规及标准体系

美国是世界上拥有最多油气管网的国家，超过了全世界其他国家油气管网里程的总和。美国的强制性技术法规体系由法律、法规、行政指导、指令等组成，相关的政令或文件包括免除令、澄清函、简讯、公告、规范修改提案、联邦公告。美国有关管道的法令有：2002 年修订的《天然气管道安全法》、2006 年修订的《管道检测、保护、实施和安全法》和 2007 年修订的《管道安全强化法》、2011 年发布的《管道安全、监管和就业法案》等，联邦规章汇编（the Code of Federal Regulations）第 49 编收录的管道安全规章，也涉及到管道保护的问题。联邦规章还常常引用一些技术标准作为支持和依据，从而使其成为强制性法规，与油气管道技术有关的技术标准主要由美国机械工程师协会、美国石油学会、美国腐蚀工程师学会等组织颁布。

美国标准体系大致由联邦政府标准体系和非联邦政府标准体系构成，按照自愿性标准体系基本划分为：国家标准、协会标准和企业标准三个层次。自愿性标准可以自愿参加制定，自愿采用，标准本身不具有强制性，类似于我国的推荐标准。从各专业学会、协会团体中选择较成熟的、对全国普遍具有重要意义的标准，经审核后上升为国家标准。美国推行民间标准优先的政策，由标准协会组织、政府部门、生产者、用户、消费者和学者参与协商，共同制定标准。

二、欧盟管道法规标准体系

欧盟技术法规主要以指令形式颁布，指令规定了长输管道安全运行的基本要求。欧盟有关管道的法令有：GPSG《设备与产品安全法》（2004 年 5 月 1 日）、GG《高压气体管道条例》（2002 年）、91/296/EC《关于通过管道网输送天然气》（1991 年）。核心标准包括：EN 13480《金属工业管道》、CEN/TC 234《长输天然气管道》。

为了使法令得到有效实施，欧盟委员会委托欧盟标准化组织等技术组织，制定欧洲标准（EN），作为支持指令的技术文件。欧盟的管道技术标准主要是由欧洲标准化委员会（European Committee for Standardization，CEN）组织编写出版。

三、加拿大管道法律法规及标准体系

加拿大国家级法律和行业性法规有《石油和天然气操作法》《石油资源法》《加拿大石油天然气经营法案》和《加拿大管道法》。《加拿大管道法》是加拿大管道系统的基本法规；国家能源局制定的规章有《陆上石油天然气管道条例》《管道仲裁委员会处事规则》和《管道公司资料保护条例》；加拿大各省也各自制定相应的管道法律法规，例如阿尔伯塔省能源与设施局制定的《天然气设施法》和《天然气资源保护法》。

标准体系以加拿大标准委员会（SCC）为核心，主要职责是批准发布国家标准，代表加拿大参加 ISO、IEC 国际标准化活动，致力于将加拿大国家标准提升为国际标准。加拿大国家标准的制定由政府指定机构负责，获得国家认可的标准机构有 5 个，分别是：加拿大标准协会（CSA）、加拿大气体协会（CGA）、加拿大通用标准局（CGSB）、加拿大保险商实验室（ULC）和魁北克省标准局（BNQ）。

四、我国管道法律法规及标准体系

近年来，我国逐步加强对油气管网的安全立法工作。2000 年颁布了《石油天然气管道安全监督与管理暂行规定》（经贸委令 17 号），提出对石油管道的勘察、设计、制造、施工、运行、检测和报废等全过程实施安全监督与管理。2002 年颁布的《安全生产法》和 2010 年颁布的《危险化学品安全管理条例》（国务院令 591 号），以及配套的《危险化学品输送管道安全管理规定》（总局令 43 号）等法律法规，明确了我国危险化学品输送管道的安全管理要求。2010 年颁布的《石油天然气管道保护法》，是我国油气管网管理的主要法律，确定国务院能源主管部门主管全国管道保护工作，同时发挥管道经过地区的地方人民政府对管道保护的职能，强调企业是维护管道安全的主要责任人。

为加强对油气管网安全设计、施工和运行管理，我国先后发布了 GB 50253—2014《输油管道工程设计规范》、GB 50251—2015《输气管道工程设计规范》、GB 32167—2015《油气输送管道完整性管理规范》、GB 50423—2017《油气输送管道穿越工程设计规范》、GB 50459—2017《油气输送管道跨越工程设计规范》、GB 50183—2004《石油天然气工程设计防火规范》、SY 6186—2020《石油天然气管道安全规范》、TSGD 5001—2009《压力管道使用登记管理规则》、TSGD 7003—2022《压力管道定期检验规则长输（油气）管道》、TSGD 3001—2009《压力管道安装许可规则》等标准规范，其中 GB 32167—2015《油气输送管道完整性管理规范》规定了油气输送管道完整性管理的内容、方法和要求，包括数据采集与整合、高后果区识别、风险评价、完整性评价、风险消减与维修维护、效能评价等内容，此标准适用于遵循 GB 50251 或 GB 50253 设计，用于输送油气介质的陆上钢质管道的完整性管理，此标准不适用于站内工艺管道的完整性管理。并且此标准中强制要求各管道运营单位周期性开展高后果区的识别和更新工作，同时对高后果区管道进行风险评价。

国家行政部门也发布了一系列的行政法规、部门规章及规范性文件，如国家安全监管总局联合国家发展改革委、自然资源部（原国土资源部）、住房城乡建设部、交通运输部、国务院国资委、国家市场监督管理总局（原国家质量监督检验检疫总局）、国家能源局于

2017 年 12 月 15 日发布《国家安全监管总局等八部门关于加强油气输送管道途经人员密集场所高后果区安全管理工作的通知》；国家发展和改革委员会、国家能源局、国务院国有资产监督管理委员会、国家市场监督管理总局（原国家质量监督检验检疫总局）、原国家安全生产监督管理总局于 2016 年 10 月 18 日联合发布《关于贯彻落实国务院安委会工作要求全面推行油气输送管道完整性管理的通知》；交通运输部、国家能源局、国家安全监管总局三部门于 2015 年 3 月 31 日印发《关于规范公路桥梁与石油天然气管道交叉工程管理的通知》；国家能源局、国家铁路局于 2015 年 10 月 28 日发布《油气输送管道与铁路交汇工程技术及管理规定》，并于 2016 年 1 月 1 日起施行。

地方政府根据《中华人民共和国石油天然气管道保护法》等法律、行政法规，结合实际，制定相关管道保护条例。山东省于 2018 年 11 月 30 日发布《山东省石油天然气管道保护条例》，并于 2019 年 3 月 1 日开始实施；珠海市于 2009 年 1 月 16 日通过《珠海市地下管线管理条例》；辽宁省于 2000 年 11 月 28 日发布《辽宁省石油天然气管道设施保护条例》，并于 2001 年 1 月 1 日生效，后在 2014 年 11 月 27 日失效；河北省于 2015 年 5 月 29 日通过《河北省城市地下管网条例》，并于 2015 年 9 月 1 日开始实施。

🔍 本章要点

本章介绍了我国标准化法律法规概况和标准化法律法规体系、国外发达国家的标准化法律法规及油气管道标准化法律法规，需掌握的知识点包括：

➢《中华人民共和国标准化法》的立法历程、新修订内容、立法宗旨和特点、配套法规和规章；

➢ 我国其他涉及标准化事项的法律法规；

➢ 国外标准化法律法规，如《俄罗斯联邦标准化法》《俄罗斯联邦技术法规法》、欧洲标准化的 1025/2012 号法规、法国的《关于标准化的第 2009-697 号法令》，中亚各国的《标准化法》，日本的《工业标准化法》和《日本农林标准等相关法》，韩国的《国家标准基本法》《工业标准化法》等；

➢ 我国及欧美等国油气管道标准化方面的法律法规。

参 考 文 献

［1］范荣妹，邱克斌，朱培武，等 . 标准化理论与综合应用［M］. 重庆：重庆大学出版社，2021.
［2］赵慧明，崔娜娜 . 俄罗斯联邦标准化管理体制及特点研究［J］. 中国管理信息化，2017，20（19）：216-220.
［3］杜晓燕，王益谊，刘辉 . 欧洲议会和欧盟理事会 1025/2012 号欧洲标准化法规解析［J］. 标准科学，2013，3：88-92.
［4］王雯宁，杨及，张景，等 . 中亚国家标准化法律法规分析［J］. 中国标准化，2020，7：76-78.
［5］李佳，王益谊 . 日本标准化体制机制研究［J］. 标准科学，2021，1：142-147.
［6］车迪，杜晓燕 . 韩国标准化管理体制研究［J］. 标准科学，2020，12：187-192.
［7］牛娜娜，车迪 . 法国标准化发展概况［J］. 标准科学，2022，8：93-98.

第一节　知　识　产　权

一、知识产权的概念

"知识产权"是将基于知识活动而产生的权利进行概括，最早由 17 世纪中叶的法国学者卡普佐夫（Carpzov）提出，后为比利时著名法学家皮卡第（Picardie）所发展。皮卡第认为，知识产权是一种特殊的权利范畴，它根本不同于对物的所有权。"所有权原则上是永恒的，随着物的产生与毁灭而发生与终止，但知识产权却有时间限制。一定对象的产权在某一时间段内只能属于一个人（或一定范围的人，即共有财产），使用知识产品的权利则不限人数，因为它可以无限地再生。"知识产权学说后来在国际上得到了广泛传播，并为多数国家和众多国际组织所接受。

在我国，法学界曾长期沿用"智力成果权"的说法，直到 1986 年《中华人民共和国民法通则》颁布后，才开始正式使用"知识产权"这一称谓。我国台湾地区则把知识产权称为"智慧财产权"。就目前的研究成果而言，对于知识产权这一事物，如果从不同的视角去考察，可以得出不同的结论。归纳起来，主要有以下几种。

（一）一种智力成果

从科学技术和文化艺术的视角考察，所谓知识产权，是指人们因其智力活动和其他活动而完成的智力型成果。首先，知识产权是由具体的人完成的，这里主要表现为发明创造人、设计人、作者等；其次，知识产权是工程技术人员、文化创作人员及其他从事创造、创作、创意的具体的人活动的结果，此时，他们的活动主要表现为在科学技术和文化艺术等领域中的智力活动或者智力活动与其他活动的结合；最后，知识产权是创造、创作、创意人员所完成的智力型成果，在这里，他们的活动成果具体表现为具有智力形态的成果，例如发明创造、商业标识、文学艺术作品等。

（二）一种权利

从法学的视角考察，所谓知识产权，是指自然人、法人或其他组织就其在科学技术和文学艺术等领域的智力劳动创造成果和工商业领域的识别性标记与成果在一定的时间和区域内所享有的法定的专有权利。首先，知识产权源于智力活动产生的权利，是由法律所规定的专门针对智力活动成果而产生的权利，人类的其他活动不能产生知识产权，而且并非所有的智力活动成果都必然导致知识产权的产生，还需要满足法律所确定的某些特质与外部形式，多数知识产权的获取还必须通过法定程序；其次，知识产权是一种专有权利，是由法律所赋予的具有垄断性质的排他权利，未经法律许可，任何人不得享有；最后，知识产权是一种特殊的专有权利，只在法律所限定的时间和区域内有效。

（三）一种财产

从经济学的视角考察，所谓知识产权，是指智力活动成果的完成人或者其他人因为其活动而获得的一种具有价值和使用价值的财产。首先，知识产权是一种财产，应该归属于财产的范畴。其次，知识产权是一种无形财产。尽管作为智力活动的成果，它通常与载体相结合并主要以其载体的形态呈现在人们面前，这时表现为一定物理形态的智力活动成果，可能导致人们产生误解，但是，透过现象看本质，作为智力活动成果的本体（实质上是一种"信息"）则只是一种不具有物理形态的无形财产。最后，知识产权具有价值和使用价值。当然，其价值的体现要通过使用价值来实现，一项知识产权只有在被转化为生产力，具体表现为商品化的产品和服务并经市场检验而被社会接受时才能最终体现其价值。例如，美国学者米勒和戴维斯在其所著的《知识产权法概要》导论部分指出："也许有人要问，为什么一本书要包括（专利、商标、著作权）3个性质不同的科目。它们的共同之处是都具有一种无形的特点，而且都出自一种非常抽象的财产概念。"日本学者申山信弘和北川善太郎都把知识产权保护的对象称为"知识财产"。

（四）一种资源

从管理学的视角考察，所谓知识产权，是指一种在现代管理活动中可供支配、使用并能够实现价值增值的资本性资源。当其处于研发过程时，往往因为其研发成本的支出而表现为企业的负资产，但是，当其研发完成以后，特别是当其经过法定程序而取得知识产权的某种表现形式时，它就作为企业资产列入"无形资产"的会计科目。当其投入实施以后，无论是自我实施，还是许可、转让他人实施，其实施的收益也将作为企业的收入，纳入其增长的资产。特别应当指出的是，既然知识产权是一种资本性资源，那么在资本化运作中，其既能以股权等方式用于资本型投资，也可以质押、信托等方式用于融资型操作。

（五）一种信息

从信息学的视角考察，所谓知识产权，是指记录人类智力活动及基于该活动所发生的相关权利并可供传播的信息。通过对相关信息的收集、分析、储存和使用，不但记载了以某种权利的形式所表现的人们的智力活动及其成果等信息，而且记载了诸如权利的法律状态、权利的归属、权利的使用状况等信息，同时还记载了与此相关的诸如基于权利的警示、资本的标识、资源的使用等信息。此外，如果我们从政治学的视角考察，知识产权则表现为知识经济社会环境下国家综合国力和国际竞争力中的核心内容。如果我们从社会学的视角考察，知识产权则成为衡量现代社会文明进步与否及国民素质水平高低的重要标志。

广义的知识产权包括著作权、邻接权、商标权、商号权、商业秘密权、产地标记权、专利权、集成电路布图设计权、新植物品种权等各种权利。广义的知识产权范围，目前已为两个主要的知识产权国际公约所认可。

1.《建立世界知识产权组织公约》

1967 年签订的《建立世界知识产权组织公约》将知识产权的范围界定为以下类别：

（1）关于文学、艺术和作品的权利（即著作权）；

（2）关于人类一切领域发明的权利（即发明专利权及科技奖励意义上的发明权）；

（3）关于科学发现的权利（即发现权）；

（4）关于工业品外观设计的权利（即外观设计专利权或外观设计权）；

（5）关于商标、服务标志、厂商名称和标记的权利（即商标权、商号权）；

（6）关于制止不正当竞争的权利（即反不正当竞争权）；

（7）以及一切在工业、科学、文学或艺术领域由于智力活动产生的其他权利。

2.《知识产权协定》

1994 年关贸总协定缔约方签订的《知识产权协定》（亦称"TRIPS 协定"），划定的知识产权范围包括：

（1）著作权及其相关权利（即邻接权）；

（2）商标权；

（3）地理标记权；

（4）工业品外观设计权；

（5）专利权；

（6）集成电路布图设计权；

（7）未公开信息专有权（即商业秘密权）。

1986 年通过的《中华人民共和国民法通则》第五章"民事权利"，分列"所有权""债权""知识产权""人身权"四节，其中第三节"知识产权"第 94～97 条明文规定了著作权、专利权、商标权、发现权、发明权及其他科技成果权。

狭义的知识产权，即传统意义上的知识产权，包括著作权（含邻接权）、专利权、商标权 3 个重要组成部分。一般来说，狭义的知识产权可以分为两类：一类是文学产权（Literature Property），包括著作权及与著作权有关的邻接权；另一类是工业产权（Industrial Property），主要包括专利权和商标权。文学产权是关于文学、艺术、科学作品的创作者和传播者所享有的权利，它将具有原创性作品及传播这种作品的媒介纳入其保护范围，从而在创造者"思想表达形式"的领域内构造了知识产权保护的独特领域。工业产权则指工业、商业、农业、林业和其他产业中具有实用经济意义的一种无形财产权，确切地说，工业产权应称为"产业产权"。法国是以工业产权一词来概括产业领域的智力成果专有权的最早国家，即法文中的"Propriete Industrielle"。

二、知识产权的基本特征

知识产权保护知识拥有者和创作者的利益，是法律赋予知识产品所有人对其智力创新成果所享有的某种专有权利，具有以下特征。

（一）知识产权属于民事权利

知识产权法律关系从本质上讲是属于民事法律关系，它所调整的是平等主体的公民、法人之间的财产关系和人身关系，具备了民事权利的本质特征。知识产权权利的产生、行使和保护与传统民事权利只有形式的差异而没有实质的区别。民法的基本原则适用于知识产权，民法的基本制度对知识产权同样有效。总之，知识产权的主体是平等的主体，调整的社会关系是平等的财产关系和人身关系。

（二）知识产权是一种无形财产权

知识产权最本质的特点是一种无形财产权，这一特点将其与一切有形财产权区分开来。知识产权之所以具有这一特点，可以从两个方面来理解：

（1）在于其客体是不属于有体物的智力成果。知识产权的客体无论是作品、技术方案还是商标，其实都是某种信息，虽然可以被人们感觉到但是大多都不能像有形财产权的客体那样被固定在特定的物质上并通过占有来达到保护的目的。因此知识产权都必须根据专门的法律予以确认。

（2）知识产权的无形性还要求我们把其与有体物的物权区分开。例如 ISO 发布某个文件，实际拥有该文件文本的成员可能有很多，但是它们占有的只是该文件的文本，而不享有该文件的相关著作权。

（三）知识产权具有专有性

知识产权的专有性是指知识产权所有人对其知识产权享有独占权。知识产权的这个特点可以从两个方面来理解：

（1）知识产权为权利人独占，未经权利人的许可或没有法律的特别规定，任何人都不得擅自使用他人享有知识产权的智力成果。由于知识产权的客体无体物，不能像有体物那样通过占有达到表明权利归属、排除他人使用的目的，因此很容易被他人复制。法律实际上是赋予了知识产权所有人一定的垄断权，通过各种法律规定禁止他人擅自利用知识产权所有人的智力成果。正是由于知识产权权利主体能获得法定垄断权利，才使知识产权制度具有激励功能，从而激励人们不断开发和创造新的智力成果，推动技术的进步和社会的发展。

（2）同样的智力成果只能有一个成为知识产权保护的对象。例如可能两个人同时发明了某种产品，但是依据专利法只能将专利权授予其中最先提起申请的人。

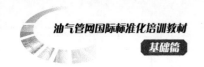

（四）知识产权具有地域性

知识产权的地域性是指知识产权只在授予其权利的国家或者确认其权利的国家受法律保护，不具有域外效力。这表明知识产权的专有性不是无限的，它首先要受到地域上的限制。

知识产权的地域性是其与有形财产权的又一区别。无论是自然人将其财产从一国转移到另一国，还是法人将其有形财产投资到国外，其财产的所有权归属都不变。而知识产权则不同，各国的知识产权立法基于主权原则呈现出独立性，同时由于各国的政治、经济、文化和社会制度的差异，知识产权保护的规定也会有所不同。因此，一国的知识产权要获得他国的法律保护，必须依照有关国际条约、双边协议按互惠原则办理。

（五）知识产权具有时间性

知识产权的时间性是指知识产权只在法律规定的期限内受到保护，一旦超过了有效期，权利人就失去了对其智力成果的专有权，该智力成果即进入公有领域，可以为任何社会成员所使用、复制。需注意的是：商标权的期限届满后可通过续展依法延长保护期；少数知识产权没有时间限制，只要符合有关条件，法律可长期予以保护，如商业秘密权、地理标志权、商号权等。

三、知识产权的作用

知识产权对知识经济的发展具有重要作用。知识经济的建立直接依赖于知识的创新、生产、传播和应用。在这当中，无论是构造维护知识创新者利益的氛围，还是有效地促进知识的传播和利用，都离不开切实有效的知识产权制度的保护。知识产权制度对知识经济发展的作用，主要表现在以下 3 个方面。

（一）对知识创造的激励作用

知识产权具有专有性，即知识产权制度依法授予智力成果的创造者或拥有者在一定期限内的排他独占权，并保护这种独占权不受其他人的侵害。因此，智力成果的创造者或拥有者就可以通过转让或实施生产取得经济利益、收回投资，得到继续研究开发的和力和物资条件。

据美国某研究单位统计，在美国的制药工业中，如果没有专利制度，至少会有 60% 的药品研制不出来，因为药品的研制需要高额的投入，而且周期也很长，一般需要 10 年左右。而在日本，自 1940 年至 1975 年这 35 年间，仅研制了 10 种新药，而从 1975 年日本开始对药品行业实施专利保护后，仅到 1983 年的 8 年间就研制出了 87 种新药。知识产权制度对发明创造的激励可见一斑。

（二）对社会公共利益的调节作用

知识产权制度虽然保护知识创造者的利益，但其目的在于：通过对其智力创造活动的鼓励，使其能为社会创造出更多、更好的智力成果，使得广大的社会公众得到这些智力成果所带来的物质享受和精神享受。

因此，知识产权制度从建立之初就努力平衡知识产权权利人和社会公众之间的利益关系。例如专利制度在赋予专利权人以一定专有权利时，要求其向社会公开其专利技术的内容，这样可以避免重复研究，节约研发的费用，并有利于其他研究者在专利技术的基础上进行进一步的研究开发。又例如专利制度只赋予专利权人一定期限内的专有权，一旦超过法律规定的期限，该专利技术就进入公有领域，任何人都可以自由地使用该技术。这样将有利于技术的传播和使用。

另外，无论是著作权法、专利法还是商标法都对相关权利的许可规定了一系列的限制，例如著作权的合理使用制度、法定许可制度、专利法的强制许可制度等，都是从立法的角度对知识产权人的权利行使做出限制，以求不妨碍社会公众对智力成果的合理使用。

（三）对国际间经济、技术交流与合作的促进作用

知识经济本质上是一种全球化的经济。现在，知识产权贸易和含有知识产权的产品贸易在世界贸易中所占比例越来越大。而如前所述，知识产权具有地域性，只在授予其权利的国家或确认其权利的国家中受到法律保护。因此，如果这些知识产权或含有知识产权的产品要在国家之间顺利流通，各国就必须遵循共同的规则。由此在知识产权制度中形成了一系列国际惯例，各国都努力与这些国际惯例接轨。许多国家还加入了世界性的知识产权组织或条约，遵守共同的原则和制度，如国民待遇原则、优先权制度等。

不仅如此，世界贸易组织（WTO）还从推动世界贸易发展的角度出发，制定了《与贸易有关的知识产权协议》（TRIPs），提出了在世界贸易发展中各国在知识产权方面必须遵守的若干规则。如果没有这些国际条约、没有各国普遍接受的知识产权制度，智力成果的引进、合作和交流就很难进行。

知识产权保护在国际贸易中的作用已经越来越受到人们的关注。

从小的方面讲，在竞争激烈的国际市场上，企业如果要保持自身的竞争优势、保护自身的研发成果，就必须充分地利用各国的知识产权法律制度和有关国际条约，做好知识产权的取得、保护、许可和转让等工作。例如现在许多外国的大型公司进入中国市场的方法就是知识产权先行。据国家知识产权局统计，2001—2003 年 3 年间，每年国外发明人在我国提出的发明专利申请量都占到了该年全部发明专利申请总量的 60% 以上。因此，我国企业如果想在激烈的市场竞争中立于不败之地，就必须在致力于开发新技术、新产品和提高销售、服务质量的同时，注意应用知识产权这一有力武器。

从大的方面讲，当今世界中，任何一个国家经济发展所需要的知识技术都不可能完全靠自己创造。对于发展中国家而言，在大力发展拥有自主知识产权的高新技术和产品的同时，也必须大量引入国外的先进技术。在目前，国外先进技术拥有者普遍采用各种知识产权保护自身技术的条件下，如何达到既引入先进技术又不因为知识产权而受制于人的目的，是我们必须注意研究的一个问题。

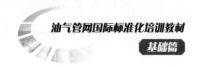
四、知识产权的现状与发展趋势

（一）知识产权的现状

经济全球化使得人类社会发生了重大转变，知识经济越来越受到关注和重视。1996年，联合国经济合作与发展组织（OECD）在巴黎发表的《以知识为基础的经济》中指出：知识经济建立在知识和信息的生产、分配和使用基础之上。可见，在知识经济社会中，知识这种无形资产的投入已经起了决定作用，所以知识产权保护就显得尤为重要。

20世纪末，知识产权已成为各国发展战略的核心主题。美国作为"科技领先型国家"，为了巩固其霸主地位，多次修订并完善其知识产权制度，并颁布了《发明人保护法》等相关制度加以辅佐，同时企业实施外地专利网战略，利用专利、技术等优势进攻发展中国家企业及其品牌，制造国际知识产权壁垒与陷阱，并从中获利。日本作为"技术赶超型国家"，除了有比较完善的法律体系外，更注重专利技术的引进、消化和吸收，其产业化程度相当高。而韩国作为"引进创新型国家"，其立法水平接近美、日、欧，建立了灵活的以小敌大的专利战略和核心技术专利引进战略，积极介入国际知识产权相关组织。

面对这个潮流，我国也同样顺势而为，乘势而上。首先，在短短20年内，我国已发展成为具备比较健全的知识产权法律制度的国家，制度已由惩罚和规范转向激励方面，同时积极参与并推动国际知识产权制度的改革；其次，国家制定了基本的知识产权战略并积极落实，例如国家的自主创新战略，商务部的"自主知识产权名牌"工程就是典型。

（二）我国知识产权制度在运行中存在的问题

1. 知识产权制度和措施不健全

（1）从历史发展来看，我国知识产权制度起步晚、程度低。知识经济发展的关键在于知识创新，而知识创新是一种隐性的过程，因其蕴涵着先进的生产力，所以需要法律制度的保护。同时我国是世界上知识产权制度建立较晚却是发展最快的国家，这种小步快跑的发展方式，必然导致体系和制度的不完善、不健全，只有通过实践不断检验才能逐步完善和健全。

（2）配套立法不全面，不能与国家法律完全接轨。没有知识产权的立法，就没有知识产权的保护制度，法律赋予当事人的知识产权也就无从谈起。从知识产权的保护范围来看，我国的立法虽然注重保护成果和给予激励，但却缺失了相应的辅佐制度，因此需要对一些相对薄弱的环节或产业进行保护使其良性发展。在与国际法律接轨方面，虽然我国已加入各种国际知识产权公约，但是相关法律的不接轨使得我国企业在国际化过程中屡遭重创。

（3）司法环境不乐观，地方保护主义严重。在法律已经确立该项权利的前提下，相关部门的执行力是至关重要的。一方面由于司法保护力度不够，另一方面违法成本低而企业维权成本高，使得很多不法分子挂羊头卖狗肉。同时在一些经济相对落后的地区，地方保护主义严重，政府部门出于本地区利益考虑，对违法企业睁只眼闭只眼，企业被发现侵权后就销声匿迹，而后更名重操旧业，让受侵权的企业无可奈何。

2. 企业知识产权战略与实施脱节

在新形势下，高新技术企业纷纷制定了知识产权战略。然而在战略的实践过程中却存在着诸多问题，导致知识产权的战略实施成了一句空话。

（1）企业研发风险大，现金流紧张，资金链不稳固。知识产权保护首先要有科技创新成果，没有成果，保护也就无从谈起。因此高新技术企业每年必须投入大量的研发经费，并且这种投入还应该是大量的、长时间的、连续不断的投入。而且投入之后，何时产出、产出多少也是个未知数，这种巨大的风险，时刻考验着企业的决策者，最终影响到企业投入力度。据调查，很多企业发展中面临的最大困难就是资金紧张。资金不足导致对研发所需的人员、设备、技术投入不够，技术研发风险很大。

（2）企业研发模式与管理模式不够成熟。诚然现在高新技术企业已经有较强的知识产权战略意识，但并没有相应的研发部门和管理部门做支撑，企业的人员管理和机构组织模式也还存在一定的缺陷。同时，由于企业研发部门人手不够，而其他部门并不参与企业研发活动，导致部门间联系不够紧密。就研发部门本身而言，内部也存在着缺陷，研发过程中任务进度衔接不紧密，常出现研发的停顿期或空白期，影响了产品的升级换代。

（3）专利技术的产业化、市场化程度低。知识产权的源头是技术创新，或者称为知识的再生产。这是知识产权战略的先决条件，但却不是知识产权的最高要义。知识产权的最高要义是利益的再分配问题，专利技术的产业化、市场化，才是知识产权的最终归属。但是，相当大一部分企业并没有很好的产业化和市场化意识，投入巨资研发的技术专利，只有少数被产业化并投向市场，大部分仅仅以专利的形式被束之高阁。

（三）知识产权的发展趋势

2008年9月10日，国际生物、创新与知识产权专家组经过长达7年的研究，发布了一份有关知识产权制度国际发展趋势的研究报告。该项研究将知识产权制度划分为两大类别："旧知识产权"与"新知识产权"。该报告指出，知识产权应当用于维系和支撑各种协作关系，推动新产品和服务的创造与传播，以便最大限度满足各种需求。政策制定者和企业领导者必须努力创造知识产权新纪元，以鼓励创新、扩展科学发现。报告主要内容如下文所述。

1. "旧知识产权"时代的衰退

专家组认为，"旧知识产权"即目前所处的逐渐衰退的知识产权时代。"旧知识产权"固守知识产权多多益善的陈旧观念。企业和高校一方面寻求更多的知识产权保护自身利益，另一方面又对各种知识创造不断架构保护围墙，实行紧密控制。这种观念不仅在工业领域已被证实起反作用，在卫生领域亦使创新水平下降。

"旧知识产权"在20世纪80年代有两大发展根基：美国最高法院一方面对基因改造

细菌授予专利权，另一方面积极颁布法律鼓励高校对公共财政资助的科学研究申请专利并进行商业转化。在此之后，专利很快延伸至软件程序和动植物等领域，现在在所得税的节省方法方面也有所涉及。日本和欧洲等其他国家和地区为了从生物和信息技术的不断发展中获利，努力使其知识产权制度与美国保持一致。后来，知识产权逐渐融入自由贸易协定，并在 1994 年知识产权相关规定中被纳入 TRIPS 协定时达到顶峰。

之后，"旧知识产权"时代很快开始衰退。1998 年，南非政府为应对日益严重的艾滋病危机，不顾 39 家国际药品制造商的控诉而未经专利权人许可进口其他厂商生产的药品。这些药品制造商声称，南非政府不应为了自身利益而无视知识产权，并通过这种措施削弱药品制造商研制抗击艾滋病和其他疾病的新型药品的积极性。但是这些药品制造商的这些行为却引起了艾滋病防治积极分子和发展中国家的强烈反对，知识产权的基础开始遭到动摇，并引发了一场关于知识产权制度是否已严重偏离其创立初衷的大讨论。

"旧知识产权"已然存在诸多问题。人们只是错误地认为企业获得知识产权保护是为了防止发明创造被仿制而不是为了提高自身声望，但并未意识到知识产权在创造新产品和服务方面的积极贡献。人们甚至经常夸大专利的作用，认为只要企业拥有专利，就可以防止他人的仿制行为。而其他一些制度，如政治文化理念和所得税规定等也可以发挥重要作用。研究认为，专利能否真正促进技术的创造和传播还未得到证实。

由于上述缺陷的存在，"旧知识产权"时代正逐渐走向消亡。美国最高法院已开始对知识产权的效力进行缩限。法国和德国等一些国家也做出限制知识产权扩展至人类基因技术的新规定。世界知识产权组织、世界卫生组织及经济合作与发展组织等一些国际性组织亦不断呼吁加强国际间的协作与配合。2007 年，一些制药企业的 CEO 和高管纷纷表示已经废除了围绕畅销药品高筑知识产权保护屏障的经营模式。

2. "新知识产权"时代的兴起

研究指出，"旧知识产权"时代的消亡并不意味着知识产权的消亡。相反，我们正在跨入"新知识产权"时代。知识产权一方面用于维系和支撑各种协作关系，另一方面积极推动新产品和服务的创造与传播，以便各类知识创造能够最大限度地满足需求。"新知识产权"时代重视协作互助，知识产权通过鼓励不同经济人和股东间的合作发挥重要的促进作用。而创新活动的最佳境界不仅要求研发者、企业、政府及非政府组织通力合作，确保新的发明创意能够为公众所获得，还要求创新活动能被适当管理、能有效满足需求。

"旧知识产权"时代向"新知识产权"时代的转变需要 3 个基础要素：法律准则、公共机构和社会惯例。有关版权和专利的法律准则将各参与方之间的关系作为最基本的要求。人们的实践行为，或者说社会惯例及其对创新所产生的影响则是关键因素。政府、法院、专利局、高校、企业及行业组织等各类公私机构则通力合作，积极审查、授权、拥有或管理知识产权，在"新知识产权"制度建立过程中发挥着重要作用。

要想向"新知识产权"时代实现成功转变，则需要重新审视上述 3 要素的相互关系和作用。塞诺菲与葛兰素史克两大制药企业为满足发展中国家的卫生需求，积极同非营利性组织"被忽略疾病药品研发组织"（DNDI）建立药品研发的合作关系，共同应对各种疾病问题。而为了推动低收入国家所需药品的生产和配发，对购买艾滋病、疟疾和肺结核治疗药品提供资助的国际药品采购机构UNI-TAID也在着手构建专利联盟，使制药企业、各国政府及非政府组织聚集在一起，共同面对这一难题。

（四）相关部门的应对措施

针对各国政府、专利局、私营机构、高校及科学团体提出如下建议：

1. 政府部门

（1）政府应加大对包括各项规章、司法体系的独立性、实验设施及市场准则在内的创新环境的重视，至少应和知识产权处于同等水平。

（2）为调解各类纠纷，积极从智力和财力两方面建立独立性的信用担保机构。同时有针对性的对低收入国家提供培训，并鼓励各参与方之间平等对话。

（3）支持第三方机构从基本层面上融入对各地区的知识产权培训和相关政策制定工作，同时尊重当地的自治权和其他各项权利。

（4）应允许对不同知识产权管理模式进行分析比较，并对各种重要科技方法进行标准化管理。

（5）拥有公共卫生保障体系的国家政府应与各企业、投资机构和高校合作，应用PPP模式（Public-Private-Partnership，公私合作模式）管理与公共卫生相关的数据，鼓励协作与创新。

（6）各国特别是中低收入国家的政府投资机构应努力开发和实施新型、可持续发展的经营模式。特别要保障中小技术商业转化和传播试点项目的资金支持。

2. 专利局

（1）制定一套标准化的形式收集专利等相关信息，并提供给公众免费使用。并重点收集重要药品等特定技术领域的专利信息。

（2）除收集专利信息外，还应收集专利许可协议的类型和主要条款等信息。

（3）应建立政策研究型专利机构，研究何种方式更有利于数据信息的传播，支持专利布局设计，传播专利制度信息。

3. 私营机构

（1）对建立信用担保机构应提供支持，并同意通过其进行纠纷调解。

（2）为了各利益相关方就知识产权政策进行更好地讨论和交流，应积极配合信用担保机构做好专题组织和课程培训两方面的工作。

（3）为对中低收入国家及各地方团体所创造的新生物技术产品与服务进行评估，各国主要私营机构应建立独立、非营利性的技术评估机构。

（4）应与当地商业、法律和经济学专家一道开发符合本地需求和状况的生物技术产品和新的、可持续发展的服务经营模式，并积极进行市场传播和商业转化。注意加强与公共

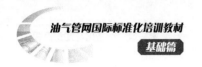

机构的合作。

（5）积极配合专利局做好公共信息数据库构建工作，并对自己拥有的专利保持透明公开的状态。

4.媒体部门

媒体部门应开辟有关科技政策新闻的专题报道，普及一般性科技知识，推广科技对经济和社会福利的作用。

5.高校和科学团体

（1）高校应明确知识产权利用和传播的相关规定，包括专利许可规定，推动中低收入国家所需产品的研发工作。

（2）制定配套措施，确保技术成功产业化和商业化，保障社会投资能获得经济回报。

（3）商业学校应在其课程中穿插介绍中低收入国家环境状况的内容，并积极开展相关活动，以便其学员能为中低收入国家的企业家提供商业计划援助。

（4）高收入国家的高校应与中低收入国家的高校建立合作关系，在博士和博士后层面提供教育机会。通过这种机制，科技工作者与其原籍国保持联系，并开展致力于满足其原籍国需求的研究工作。此外，高收入国家的高校应鼓励国外教授通过学员管理、项目研究合作及同业互查等形式对其原籍国提供帮助。

（5）研究工作者应研究分析更广义的知识产权和创新体系内的知识产权问题。应用专业分析工具，提供更广泛、更综合的有关知识产权和创新的视角和观点。

第二节　标准中知识产权处理方式

一、标准涉及的知识产权类型

根据本章第一节知识产权的概念可知，广义的知识产权包括版权与邻接权、商标权、地理标志权、工业品外观设计权、专利权、集成电路布图设计权、商业秘密权，狭义的知识产权主要包括版权与邻接权、商标权、专利权。对知识产权及其标准的概念和特征进行综合分析，可以发现标准主要涉及以下知识产权类型。

（一）标准的版权

版权（著作权）包括作者权与著作邻接权，是对文学、科学、艺术作品（包括文字、音乐、戏剧和电影作品，以及绘画、雕刻和雕塑）的作者及其他版权所有者，提供充分有效保护的权利。

标准具有著作权主要基于以下原因：

（1）虽然标准是被广泛接受的最佳实践，而不是全部的原始思想，但是，标准提供了准确的表达方式，正是基于这一点，标准具有著作权，正如任何人对一种语言中的词汇都不具有著作权，但是字典中所给出的精确定义是具有著作权的；

（2）标准由众多专家参与制定，属于集体创作的作品，由标准化组织统一发布，根据著作权"由法人或者其他组织主持，代表法人或者其他组织意志，并由法人或者其他组织承担责任的作品，法人或者其他组织视为作者"的规定，标准化组织为标准的作者，享有著作权。

基于上述原因，毋庸置疑，标准具有著作权。但标准毕竟是集体创作的作品，著作权由合作者共同享有，所以，标准化组织需要采取妥善措施，解决好技术专家对著作权拥有或放弃等方面的问题，以避免出现著作权纷争。

（二）标准中的版权

标准中的版权问题最典型的是标准内容中涉及计算机软件的版权。虽然现在如美国等国家正在探讨并试图用专利法对计算机软件进行保护，但到目前为止，世界上绝大多数国家还是用版权法对其进行保护，1991年，我国首次确定计算机软件作为著作权保护对象，自此将计算机软件纳入版权保护体系。计算机软件作为计算机和信息时代的代表性产品，在信息高科技产业中具有不可替代的作用。

因此，信息高科技产品的标准中就有可能采用他人尚处于版权保护中的计算机软件。这方面的代表就是以 Microsoft 公司的 Windows 操作系统和 Intel 公司的 Intel 微处理器所形成的"Win Tel 事实标准"中所涉及的计算机软件问题。

（三）标准中的专利权

标准中的专利权是指标准中采用了专利技术。专利权是标准中涉及最多的一种知识产权，标准中的专利问题也是目前正在研究的重点课题。

专利是技术发展过程中产生的，是垄断的私有权利，包括财产权和人身权。按照世界知识产权组织（WIPO）给出的定义：

"专利是由政府机关或代表若干国家的区域性组织，根据申请而颁发的一种文件。这种文件记载了发明创造的内容，并且在一定时期内产生这样一种法律状态，即获得专利的发明在一般情况下他人只有经过专利权人的许可才能予以实施。"

当标准中引用了专利，使用该标准的用户就应尊重标准中的专利权，只有获得专利许可后，才能使用该标准。

（四）标准的商标权

标准的商标权是指标准化组织将其标识注册为商标后对标识的许可使用、处分、续约等专有权利。

标识通常用来表示公司、组织机构或产品的一种符号、图案设计或若干字符的组合体。许多标准化组织或标准都拥有自己的标识，其基本目的是为了达到确认、区分不同标

准。标识表现了所代表机构的名誉，代表了被消费者所立即识别的某些价值标识的许可使用，就像专利的许可使用一样，已经成为标准化组织的一种重要知识产权。

二、标准与知识产权结合的背景

随着世界经济向区域化、全球化方向发展，现代科学技术在生产、贸易中的作用日益凸显，标准对市场的影响力不断提升。而知识产权人也开始将自己的知识产权与各种标准相结合，综合运用标准/知识产权战略争夺和控制市场。2002年发生的"DVD事件"即是一个例证。当人们第一次接触DVD事件时都会产生疑问：技术标准和知识产权怎么走到了一起？事实上，如果我们从标准和知识产权的特性入手就不难看出，在现代社会标准与知识产权的结合是必然产生、无法避免的。

（一）标准的"科学性"与"专利灌丛"现象相似

标准的科学性是指：标准的制定和贯彻必须以科学、技术和经验的综合成果为依据。

——标准的制定不是源于制定者的随心所欲，而是受某一时期、某一领域科学技术发展水平高低的限制。

——制定标准时需要总结该领域所积累的经验并使之科学化、条理化；要对有关技术、实践经验进行比较，选择最佳解决方案；还要注意对新的科研成果、技术进步、实践经验进行总结吸收。

所以，标准总是与一定社会中的科学技术发展状况紧密相联。

但是在知识经济时代，新技术存在的状态已经较过去有了很大改变。新技术的掌握者大多寻求以知识产权保护自己的新技术。而且一项尖端技术往往包含多个技术方案并分别为不同知识产权所有人所掌握，附有不同内容的知识产权。这些知识产权的相互关系也不尽相同。以专利权为例，依据市场上专利技术之间关系的不同，可以将其分为3类：

（1）竞争性专利；

（2）互补性专利；

（3）锁定性专利。

当某一技术领域存在多项专利技术，特别是当存在互补性专利和锁定性专利时，要将该技术推向商业化就必须获得多次授权，美国学者将这种现象称之为"专利灌丛"（Patent Thicket）。

标准的制定实施也会遇到类似于专利灌丛的问题。例如在互联网技术发展的第一个十年里，还没有什么专利技术对该领域有重大的影响，因此，因特网工程特别工作组（Internet Engineering Task Force，缩写为IETF）原来在标准化工作中对专利技术的观点是：

"尽量采用那些非专利技术的优秀技术，因为IEFT的目的是使其所制定的标准广为适用，如果涉及专利问题，标准的适用将涉及专利权的授权问题，从而影响人们采用该标准的兴趣。"

但是，到了互联网技术发展的第二个十年，由于软件技术、电信技术和互联网技术紧密结合，使得互联网相关标准在建立时无法回避专利技术。所以，IEFT 已经完全改变了对专利技术的态度，开始制定新的知识产权政策，以专门调整与相关技术知识产权所有人的关系。

（二）标准的协商基础与知识产权的专有性

既然在技术层面上，标准难以回避含有知识产权的技术方案，那么是否可以规定，凡是意欲使其技术方案进入标准的知识产权人都必须放弃其中所含的知识产权，或者说知识产权人不得向依据标准而使用其技术者主张权利呢？这种观点正是大多数标准化组织最初解决知识产权问题的思路，但事实证明这种简单化的解决思路根本无法付诸于实践，在此仅举一例加以说明。

1982 年，欧洲电信标准化协会（ETSI）的前身欧洲邮政电信管理会议（CEPT）主持起草 GSM（全球移动通信系统，Global System for Mobile Communications）标准时，要求掌握相关核心技术的公司都无偿许可使用其专利技术，否则，该公司将不能在合同中就通信设备自由定价。这一提案遭到了众多专利权人的强烈反对，致使 GSMI 标准迟迟无法出台。为此欧洲委员会在 1988 年特别成立了一个独立的欧洲标准化机构——欧洲电信标准化协会（ETSI）。1993 年 3 月，ETSI 出台了所谓的"缺席许可规则"，规定：如果专利权人不特许声明，则推定其同意"公平、合理、非歧视性"的许可；在标准化会议将该专利技术纳入标准后的 180 天内，专利权人有权提出收回许可。这一许可方案又遭到了包括 Motorola（摩托罗拉）在内的专利权人的反对。由于单 Motorola 一家公司就拥有支持 GSM 标准的 30 项核心专利技术，所以，没有其支持 GSM 标准根本无法实施。1994 年 11 月，ETSI 最终决定专利权人仍有决定是否许可的自由。

其实，只要理解了标准化的原理和知识产权的特性，就不难理解全球移动通信系统（GSM）所遭遇的尴尬处境。依据桑德斯（T.R.B. Sanders）在《标准化的目的与原理》一书中的论述，标准的制定应以全体一致同意为基础，而其实施也只有通过一切有关者的互相协作才能成功。标准化的效果只有在标准被实行时才能表现出来，否则，即使被硬性出版了，标准不实施也毫无价值可言。这一点对于强制性和推荐性标准都是适用的。所以，完全舍弃知识产权人合法利益的做法只能导致丧失知识产权人作为标准参与者的支持，最终影响标准本身的制定和实施。

再者，知识产权是法律赋予知识产权所有人对一定无形财产的专有权，具有"专有性"，是一种"对世权"（right in rem），可以针对除权利人以外的一切人主张权利。知识产权作为私权的一种，非经法定程序、非因法律规定的原因不被剥夺。世界上大多数标准化机构都是非政府组织，其在民事主体地位上与知识产权人是平等的，故而无权擅自剥夺知识产权人的合法权利。

由此可见，在标准制定中预先排除知识产权是行不通的。

（三）标准的本质与知识产权权利的行使

标准是一种规定，故其本质在于统一。在某一领域内，凡是接受标准的参与者都会遵守该标准的规定，按照其要求进行生产经营。而知识产权人行使权利的重要方式之一是许可授权。当知识产权人意欲许可授权时，必然希望有更多的被许可者，且其许可授权是独一无二、没有竞争对手的。很明显，如果某项知识产权被纳入到某标准之中，则意味着参与其中的所有成员都会使用该项知识产权，而其前提就是获得该知识产权人的许可授权，这无疑扩展了知识产权许可的范围，增强了许可授权的力度。

另外，标准、特别是级别较高的标准，例如国际标准、国家标准和行业标准等，都暗示着其中的技术方案是该技术领域最适用、最值得信赖的技术方案。因此也容易获得使用该技术的生产厂商和购买该技术产品的消费者的青睐。

由此可以推论，被纳入标准的知识产权在对外许可上容易获取一定的优势。

（四）标准的知识产权保护与标准化组织的发展

国际和国外发达国家的标准化组织大多为民间机构，其基本一致的商业模式是通过标准信息咨询、标准销售、培训、会员会费等服务收入来维持机构的运行。同时，因为这些标准制定机构的标准均为自愿执行的标准，用户购买标准是表明对标准价值的认可，标准版权受国家著作权法保护，标准制定机构是标准的著作权人。因此，标准化组织意识到标准的知识产权保护对于其生存与发展至关重要，应综合运用知识产权政策来对标准的版权、商标权等进行科学的标准化管理。例如加强对标准化组织颁布的各种文件的版权管理，不仅有利于标准化组织以更多的形式（包括互联网）宣传其工作成果，更能获得一定的财政收入，以支持标准化组织实现其各项工作目标。又如，将标准化组织的标识注册为证明商标进行管理，就可以用许可使用商标的方式来许可标识的使用，确保使用该标识者都是经过该标准化组织的认证或符合其标准要求的。

综上所述，知识产权与标准的结合是社会科学技术、经济活动发展的必然结果，特别在高科技领域几乎是不可避免的。因此，一方面，标准化组织需要制定相应的知识产权政策，以求对知识产权人行使标准所涉及知识产权的行为进行正确的规制和引导；另一方面，标准化组织也需要综合运用包括版权和商标权在内的各种知识产权，为标准的制定实施提供保证，并为标准化组织本身带来一定的收益。

三、标准与专利权结合的方式

与标准有关的知识产权主要包括：标准本身所涉及的、不属于标准化组织所有的专利权和软件版权、标准文件本身的版权及标准体系的商标权等。标准文件本身的版权是指标准化组织对其制定和出版的各种标准文件享有版权，包括这些文件的电子版本。而标准体系的商标权是指标准化组织对其标准标识（表现为证明商标）的专有权。

技术标准与专利权的结合方式主要有以下三种：

（1）技术标准的技术要素包含对某种产品功能的规定或者指标要求，而专利技术则是实现该要求的具体技术方案。虽然这类技术要素所记载的内容从字面上看不与专利权的权利要求相重叠，但是专利技术却是该技术标准的实现途径和技术支撑。例如 2003 年欧盟出台的 CR 法规（一种强制性技术标准）规定：出口价格在 2 欧元以下的打火机必须安装防止儿童开启的"安全锁"，否则不许进入欧洲市场。"安装防止儿童开启的'安全锁'"是一项功能要求，但是实现该功能就必须要使用到关于"安全锁"装置的专利技术。

（2）标准的技术要素涉及到产品的某些特征，而专利是实现这些特征的技术手段。这时技术标准所规定的特征与专利权权利要求书中的描述有部分的重叠。

（3）标准的技术要素包含专利技术的全部技术特征，此时技术要素的字面内容即构成一项完整的专利技术方案，这种情况主要见于有关规定环保和建筑施工方法的标准。

了解技术标准与专利权的结合方式可以帮助我们判断某项专利技术是否为"必要专利"（Essential Patent），即为技术标准体系所认定的并且是必不可少的技术，而该技术又为专利权人所独占。一般认为只有必要专利才能被纳入到标准之中。

四、标准战略与知识产权战略的结合

通过技术标准使自己的知识产权许可圆满实施，是任何一个权利拥有者的理想追求。为了达到这个目的，一些知名的跨国公司早已经建立了技术标准与知识产权政策的管理部门，像飞利浦公司在 1998 年初就成立了"系统标准特许部"，负责技术标准管理和专利许可工作，形成了具有自己企业特色的"专利许可的特色套餐"。

技术标准在国际贸易中已经表现出正反双重作用。当标准作为产品进入某一市场的最低要求时，标准的贸易保护作用是显而易见的；当标准被广泛接受后，该标准对符合其要求的产品的贸易就具有促进作用。当专利技术被吸纳进标准后，标准对贸易的正反作用变得更为复杂，法定标准中纳入专利技术的正面作用是促进公平的知识产权贸易，负面作用是增加标准的使用成本。事实标准中存在专利技术的正面作用是促进企业提高贸易竞争力，负面作用是有可能造成滥用知识产权权力。从当年思科公司被日本公司指责专利侵权时曾向美国联邦贸易委员会提供过的一份报告中可以看出在技术标准中滥用专利权的后果。报告中称："获得专利权实质上已经成为许多人和公司的终极目标，不是为了保护研究和开发过程中的投资，而是通过许可那些根本不知道他们专利存在的实际制造和销售产品的公司进而收取报酬，他们试图获得其他人或公司在技术标准已经不可回避时无意中侵权的结果，然后坐等那些公司成功地将产品推向市场。这相当于他们在雷区埋设地雷。那些获得这种专利并从其他成功企业收取许可费的人将专利制度视为彩票，其专利申请长期在专利局拖延符合他们的利益，因为这导致谁也不清楚专利的最终覆盖范围，而同时其他人在不知可能侵权的前提下生产含有专利权的产品。诉讼的高昂花费也使他们得益，因为他们可以向对方提出少于诉讼花费的许可费，即使对方没有侵权，但是由于惧怕昂贵的诉讼有可能不得不妥协；如果对方真正侵权，那么停止侵权将付出更加昂贵的代价而无法改变产品。这也为那些追求成功酬金的诉讼代理人、许可公司和咨询公司提供了机会，他们宣称可以帮助人们发掘出甚至连自己都不知道已经拥有的技术去申请专利，从而进行专利布雷。很难看出这种状况如何有助于科学和实用技术的发展。"思科公司在报告中抨击了现行专利制度，该报告写于 2002 年 2 月 28 日，在这之前，思科从来没有利用知识产权武器起诉别人，而只有别人起诉它。因此，对这样的知识产权战略思科是深恶痛绝的。但是，实际上思科公司也在这样的专利战之中学会了利用专利战略，在这份报告发表后不到一年，它就成为自己抨击对象的追随者。2003 年年初，思科公司在美国起诉中国华为公司就是最好的证明。

由专利技术构成的事实标准，使专利权人利用标准的强制性形成产品的贸易壁垒，从而得到最大的市场利益。专利型技术标准因此成为产业竞争的新工具。

标准中的知识产权战略是全方位的，不仅与专利密切相关，而且与商标和版权也紧密相关。

无论是法定标准还是事实标准的管理，都包含有标准标识的管理，这些标识往往以注册商标为依托，形成专有权，制约标准的使用者并获取商标使用费。如果某一标准管理组织的标识仅为普通商标，其强制力并不大，但是一旦以证明商标的面目出现，其作用远远超过商标本身的独占性。证明商标在标准制定中的战略地位愈来愈重要，因为它的成本比专利要小，但在市场中的直接影响要远远大于专利。标准标识的商标战略也是知识产权战略的重要组成部分。

随着计算机产业发展和互联网技术的应用，信息产业中的技术标准制定更多涉及到计算机软件著作权问题，由于软件著作权的产生不需要任何登记和审批程序，一经完成即享有法律上至少 50 年的保护，所以，在法定标准制定时一旦遇到软件技术，必然要涉及著作权许可，而对于企业联盟标准或者以"私有协议"形式表现出来的事实标准，则多以其成员或企业自己拥有的软件著作权为主。

软件产业中的标准制定一旦受到著作权人的限制，就无从顾及到技术标准本身的普适性、协调性、优化性，从现在已经发布的有关 IT 产业的技术标准中可以看出，这一领域的技术标准已经都被私权所覆盖。比如数字电视、数字相机、移动通信、互联网服务技术。

技术标准与知识产权战略的结合，并不是对现有的知识产权制度提出挑战或新的突破，而是在遵守现有知识产权制度的基础上，对现有知识产权制度的灵活运用。标准化组织的知识产权政策，也不是创设了新的知识产权规则，更不是知识产权国际保护的义务，而是一种与知识产权权利人达成的妥协政策，标准化组织的本意并不希望将更多的知识产权加入标准之中，由于在新技术领域中，可供采集的作为技术标准的公共技术越来越少，但凡新技术问世，都已经被专利所覆盖，所以，标准化组织的知识产权政策是一种不得已的权宜之计。从知识产权权利人的利益角度来看，全球技术标准的推广是进行知识产权许可的最佳途径，所以，知识产权权利人也希望标准化组织采用他们的技术，于是技术标准与知识产权的结合就成为了必然。但是，在技术标准中运用知识产权不是简单的事情，毕竟技术标准追求的公益性与知识产权保护的私益性是互相矛盾的，如何处理好这一矛盾，正是所谓的标准战略与知识产权战略结合所必须研究的内容。

五、标准化中知识产权政策的演进

标准是伴随着技术发展而发展的，同时，标准的有关管理政策，尤其是知识产权政策和全球技术许可战略，也随着技术的发展而不断做出调整。因特网技术标准组织 W3C（World Wide Web Consortium）和 IETF（Internet Engineering Task Force）就是明显的例子。从 20 世纪 80 年代开始，在因特网技术发展的前十年，因特网技术不像电信技术领域，因为没有什么专利技术对这个领域有影响，相关的因特网标准（包括前期的模糊标准）是开放和合作的。但到了因特网技术发展的第二个十年，由于软件技术和电信技术与因特网技术的紧密结合，因特网相关标准在建立时无法避免地遇到了一些专利技术。这一情况，迫使 W3C、IETF、WAP Forum 等因特网标准化组织都不得不考虑调整政策，借鉴其他标准化组织的经验，重新建立自己的知识产权政策。

以 IETF 为例，IETF 原来在标准化工作中对专利技术的观点是："尽量采用那些非专利技术的优秀技术，因为 ETF 的目的是使其制定的标准广为适用，如果涉及专利权的问题，标准的适用将涉及专利权的授权问题，从而影响人们采用该标准的兴趣。"但现在 IETF 已经完全改变了，因为现在有的专利技术是标准技术方案必不可少的，如果没有这些专利，标准方案就是很不完备的。IETF 终于调整了政策，新的专利政策规定于 IETF 的 BCP 97 文件中。

2001 年 8 月 16 日，W3C 提出了一个比较完整的 W3C 工作指南草案，向全球征求意见，其中就涉及到了前面一再提到的知识产权（尤其是专利技术的披露规则），以及专利权人向 W3C 提供愿意进行专利技术许可的声明要求。在这之中，W3C 将专利权人承诺愿意在合理和非歧视状况下，对愿意获得技术许可一方进行的许可，叫作 RAND 许可。因为英文的"合理和非歧视的"为"reasonable, non-discriminatory"，RAND 就是取"Reasonable"单词中的"R"和"A"，取"non-discriminatory"单词中的"N"和"D"而得名。W3C 又将专利权人承诺愿意在免费的状况下对愿意获得技术许可一方进行的许可，叫作 RF 许可。因为英文中"许可费免除"的原文是"royalty-free"，RF 就是取"royalty"的开头字母"R"和"free"的开头字母"F"而得名。这种称法已经被一些组织接受，在国外的一些法学期刊中也可以见到。

技术标准中的知识产权政策涉及专利政策、商标政策、版权政策、海关知识产权保护等传统知识产权保护中的各个部分。由于各标准化组织所处行业与地域不同，标准化组织在技术标准中采用的知识产权政策也略有不同，一般来讲，专利政策是最核心的内容，标识政策与版权政策起到重要的补充作用。表 3-1 是通过对比分析总结出来的国际上著名的 10 个标准化组织的知识产权政策。

表 3-1　10 个标准化组织的知识产权政策

标准化组织或标准机构名称	知识产权政策涉及的内容	是否有专利权信息披露要求	对专利权利人的许可要求
ISO	专利、商标、版权	有	RAND 或 RF
ITU	专利	有（包括专利申请）	RAND 或 RF
IETF	专利、版权	有	RAND 而且必须是规定格式
IEEE	专利	有	RAND
W3G	专利、商标、版权	有	RAND
ANSI	专利	有	RAND
ETSI	专利	有	RAND
WAP Forum	专利、版权	有	RAND
ATSC	专利	有	RAND
3G Patent	专利	有	RAND

第三节　标准化中的专利权问题

一、标准必要专利与 FRAND 原则

（一）标准必要专利（SEP）

当标准的实施不可避免地使用专利技术时，便引发了"标准必要专利"（standard essential patent，SEP）问题。欧洲电信标准化学会（ETSI）将标准必要专利定义为"在标准的实施过程中，不可能在不侵犯该知识产权的情形下，去制造、销售、出租、处理、修理、使用或运用包含该技术标准的设备或方法"。国际电信联盟（ITU）对标准必要专利的定义是"任何可能完全或者部分覆盖标准草案的专利或专利申请"。美国电气和电子工程师协会（IEEE）对标准必要专利的定义是"在标准被采纳时，对于标准草案中的强制或者选择性标准，在商业上和技术层面上不具有可行性且非侵权的替代标准执行方法"。我国《国家标准涉及专利的管理规定（暂行）》的相关规定指出，标准必要专利就是指实施该标准必不可少的专利。综合上述不同表述，标准必要专利是指技术标准中包含的必不可少和不可替代的专利，即为实施技术标准而不得不使用的专利。

标准必要专利是指那些生产标准产品不可缺少的专利技术，而该专利技术没有可替代性的选择。这一替代性选择有两种含义，一是在技术可行性上根本不存在其他技术可替代该必要专利技术用来实施标准，二是技术可行性上存在其他技术可替代该必要专利技术用来实施标准，但由于不经济等原因致使该可替代技术的实施在商业实践中不可行。IEEE认为的必要专利是指没有技术上和商业实践中可行性的替代技术，而ETSI所认为的必要专利主要是基于技术可行性方面，并考虑到正常的技术实践和标准制定时的技术发展水平进行综合判断（马海生，2010）。

（二）专利池

在标准制定过程中，众多专利权人会积极将相关专利技术集合在一起，形成专利池。一般而言，专利池是由多个专利技术权利人，为了通过交叉许可分享彼此的专利技术，或者为了统一对第三方进行专利许可而拉成的联盟性组织。专利池组织形式多种多样，依其开放性可分为开放式专利池（open patent pools）、封闭式专利池（close patent pools）及复合式专利池三种形态。开放式专利池是多个专利权利人组成专利池后，面向第三方进行专利许可，许可费用则根据各专利权利人对专利池的贡献进行分配。通过汇集相关的专利技术，打包专利技术或者进行一揽子许可，进而获得专利许可使用费。可以说，将专利权人与被许可人连接起来，对第三方进行许可是开放式专利池的主要目的。开放性是此类专利池的基本特征，该开放性既是对被许可人而言的，也是对竞争者而言的。相关专利持有人可以申请加入专利池，开放式专利池的成员具有不固定性。封闭式专利池主要解决专利池内部交叉许可问题；此类专利池以分享彼此的专利技术为目的。封闭性是此类专利池的基本特征，该封闭性既是对专利池外部的被许可人而言的，也是对企图加入专利池的竞争者而言的，也就是说，封闭式专利池的成员具有固定性。如果专利池内的专利技术价值基本相当，其间的交叉许可可能会采取免费分享的模式；如果专利池内的专利技术价值差距较大，其间的交叉许可可能会采取相互支付许可费的模式。以上两种分类更多地具有理论分析的因素，实践中的专利池多是复合式的，不仅在专利池内部各专利技术持有人之间进行交叉许可互相分享专利技术，还对第三方提供专利许可。专利池的性质是由诸多因素决定的，判断专利池的开放性或封闭性的最重要因素是组建专利池的目的。

（三）FRAND原则

标准必要专利权利人应以怎样的许可条件和使用费许可其专利技术给标准实施者，才能既有效保障专利权人获得合理利润，又可周全维护广大标准实施者的合法权益，并最终不会损害消费者利益，成为标准必要专利问题的核心内容。为应对标准必要专利引发的这一问题，协调标准必要专利权利人与标准使用人的利益冲突，美国和欧盟标准化组织和司法实践总结出规制标准必要专利行使的基本原则，即FRAND原则。FRAND的基本含义是"公平、合理、无歧视"（fair, reasonable and non-discriminatory），即标准必要专利权利人承诺在其专利技术被纳入标准后，将以公平、合理、无歧视的条件对所有的标准使用人许可使用其专利技术。FRAND原则对标准必要专利施以适当限制，旨在防止标准必要专利权利人滥用专利权，损害标准使用人和消费者的利益。所以，对承诺遵守FRAND原

则的专利权人违反该原则再寻求侵权禁令时，法院多持不支持态度，以矫正标准必要专利权利人以禁令为由而劫持标准使用人。目前，几乎所有的标准化组织及很多产业联盟和论坛已经采取了 FRAND 原则。关于 FRAND 原则的法律性质，专家认为，FRAND 的承诺只不过是标准必要专利权人给其标准必要专利设定负担的单方法律行为。

二、标准化组织的专利权政策

（一）美国国家标准学会（ANSI）的专利政策

在美国，ANSI 有关专利许可政策的雏形是以建议形式首先在 1932 年 8 月举办的标准委员会会议上提出的，这也是全世界标准制定组织有关专利政策的最早提案。1969 年，在 ANSI 制定的专利政策中，建立了专利许可条件的审查机制，规定专利权人在选定许可条件后，应当向 ANSI 委员会提交声明，阐明各被许可人对其许可条件的接受程度。后来，随着 ANSI 更为积极地介入到专利许可条件的判定工作中，其对专利进入标准的态度也有了重大转变，并确立了 FRAND 许可原则。1997 年，ANSI 专利政策有两个重大转变，一是删除要求权利人向 ANSI 委员会提交许可条件及被许可人接受程度声明的规定，二是删除记录 FRAND 许可原则的规定。这一转变标志着 ANSI 将从标准必要专利许可的纠纷中解脱出来，将 FRAND 原则许可条件的谈判归还合同当事人，裁判机制归还法院。随着标准与专利的紧密融合发展，美国企业越来越意识到专利对于标准的重要性，ANSI 的服务目标也转向标准化战略和标准全球化。

2017 年，ANSI 发布的专利政策明确鼓励企业及时向 ANSI 披露专利信息，并将其纳入标准之中。《ANSI 基本要求：美国国家标准的正当程序要求》对美国国家标准涉及专利问题进行了原则性规定，主要包括以下几个方面：（1）如果有充分技术理由作证，ANSI 并不反对专利技术进入美国国家标准。（2）专利技术进入美国国家标准应遵守相应程序要求，包括专利权人以书面形式声明放弃专利技术，或者以公平合理的价格向标准实施者许可专利技术等。（3）ANSI 没有职责对美国国家标准中可能需要得到专利权人许可的所有专利技术进行鉴别，也不负责对专利技术的法律效力和范围实施调查。

（二）美国电气和电子工程师协会（IEEE）的专利政策

作为国际权威的电子技术与信息科学工程师的组织，美国电气和电子工程师协会（IEEE）也是著名的国际标准化组织。IEEE 专门设有 IEEE 标准协会（IEEE SA），负责标准化工作。IEEE 制定的标准涉及电气与电子设备、试验方法、元器件、符号、定义及测试方法等多个领域。IEEE 标准属于协会标准，其中常会涉及专利技术。因此，IEEE 专门制定了相应的专利政策。2014 年 9 月，IEEE 向美国司法部递交了其"新版专利政策"，以寻求反垄断执法机构对该新版专利政策的执法态度。美国司法部认为，IEEE 新版专利政策对竞争和消费者利益都有积极影响，没有得出该政策会损害竞争的结果。

IEEE 新版专利政策主要包括以下四方面内容：

一是禁止令是否适用。IEEE 新版专利政策认为，当各方不能就许可条款协商一致而需求助中立的第三方来解决他们的许可纠纷时，接受 FRAND 原则的专利权人不应寻求禁止令，除非专利被许可人没有遵守法院的判决结果。

二是合理费率的界定。IEEE 新版专利政策规定了合理费率的决定因素，即对专利权人必要专利的合理补偿，并排除因将必要专利技术纳入 IEEE 标准而产生的额外价值，从费率中排除使用人从标准技术转换使用其他技术而产生的转换成本或不可操作性成本。

三是所有合规使用。IEEE 新版专利政策要求接受 FRAND 原则约束的专利权人对任何合规使用（compliant implementation）许可其专利，这意味着专利权人不得对在任何生产阶段的 IEEE 标准的使用拒绝许可其专利。

四是互惠—回授（reciprocity—grantbacks）规则。IEEE 新版专利政策禁止许可人要求申请人将不属于同一标准的必要专利回授许可于许可人，且禁止许可人强制申请人接受不属于该标准必要专利的许可。

（三）ITU/ISO/IEC 共同专利政策

2007 年 3 月，ITU、ISO 和 IEC 三大国际标准组织联合制定并发布了《ITU/ISO/TEC 共同专利政策实施指南》，2012 年、2015 年、2018 年和 2022 年分别进行了四次修订，共同专利政策主要包括以下方面：

（1）关于专利披露时间。ITU/ISO/IEC 共同专利政策规定：任何提出标准提案的成员体，应当从一开始就告知组织其提案可能涉及专利或在审查当中的专利情况，不论这些专利权归属成员体自身还是其他组织。

（2）关于披露内容。ITU/ISO/IEC 共同专利政策要求各成员体尽力披露专利信息，但不要求进行专利检索。从专利披露及专利许可实施声明规定来看，ITU/ISO/IEC 共同专利政策规定要求披露专利与制定中的标准相关信息，主要有法律状态、国别、专利申请号或专利授权号、专利名称、专利权人（包括国别、联系方式等）及专利许可承诺类型等。

（3）关于许可政策。ITU/ISO/IEC 共同专利政策规定是，根据专利持有人在专利披露时的承诺声明可能有三种不同的情况：① 专利持有人同意将其所拥有的标准必要专利以合理无歧视的条件免费许可给被许可人使用；② 专利持有人同意将其所拥有的标准和专利以合理无歧视的条件收费许可给被许可人使用；③ 专利持有人不同意按照以上两种方式进行专利实施许可。前两种情况符合 ITU/ISO/IEC 的许可政策，许可双方之间的合同具体条款和条件由许可人和被许可人在 ITU/ISO/IEC 之外协商确定；第三种情况不符合 ISO/TEC/ITU 的许可政策，因此这种条件下的专利不能纳入最终标准的条款中，即不能纳入 ITU 的建议书（recommendation）或 ISO/IEC 最终的标准文件（deliverable）的条款中。换句话说，这三大组织的专利政策的核心要求是，无论专利持有人采用免费许可或收费许可，必须承诺合理无歧视的许可原则，否则其专利不能纳入标准。

（4）关于专利权转让。依照 ITU/ISO/IEC 共同专利政策，专利持有人提交的承诺声明应被解释为对所有转让专利的利益继承人都具有约束力。在转让专利时，应在相关的转让文件中纳入适当的条款以确保所做出承诺的约束力依然有效。同样的做法应延续到受让人在之后的转让中，以约束所有的利益继承人。

（5）关于互惠许可。ITU/ISO/IEC 共同专利政策要求当被许可人同意为实施同一标准以声明的条件许可其专利时，专利持有人同时有义务向被许可人授权许可其专利，从而达成互惠许可。

（6）关于对第三方的要求。专利持有人在披露专利时，必须使用专利声明和许可声明表格。任何引起 ITU/ISO/IEC 注意的第三方标准必要专利，需以书面形式进行披露并提交专利申明表。当第三方专利持有人拒绝按照专利政策进行许可时，ITU/ISO/IEC 将立即联系所属各技术组织（TC/SC/WG 等），以便各技术组织决定是否取消对标准文件或草案的继续使用，或者设法消除其中的技术问题冲突。

（7）关于专利信息数据库。ITU/ISO/IEC 遵守共同专利政策，而且三大国际标准化机构都建立了各自的标准必要专利数据库，定期更新并提供可下载的 Excel 文档或其他文档。

三、我国的标准专利政策

2013 年，国家标准化管理委员会和国家知识产权局联合发布的《国家标准涉及专利的管理规定（暂行）》（以下简称《暂行规定》），对国家标准涉及专利问题做了系统规定。《暂行规定》指出，国家标准中涉及的专利应当是必要专利，即实施该项标准必不可少的专利，专利包括有效的专利和专利申请。

（1）关于专利披露。要求在国家标准制修订的任何阶段，参与标准制修订的组织或个人应当尽早向相关全国专业标准化技术委员会或归口单位披露其拥有和知悉的必要专利，同时提供有关专利信息及相应证明材料，并对所提供证明材料的真实性负责。参与标准制定的组织或个人未按要求披露其拥有的专利，违反诚实信用原则的，应当承担相应的法律责任。全国专业标准化技术委员会或归口单位应将其获得的专利信息尽早报送国家标准化管理委员会。

（2）关于专利许可。国家标准在制修订过程中涉及专利的，全国专业标准化技术委员会或归口单位应及时要求专利权人或专利申请人做出专利实施许可声明，并遵守 FRAND 原则。

（3）关于标准批准。除强制性国家标准外，未获得专利权人或专利申请人在做出的专利实施许可声明中不承诺遵守 FRAND 原则的，国家标准不得包括基于该专利的条款。涉及专利的国家标准草案报批时，全国专业标准化技术委员会或归口单位应当同时向国家标准化管理委员会提交专利信息、证明材料和专利实施许可声明。除强制性国家标准外，涉及专利但未获得专利权人或专利申请人根据上述规定做出的专利实施许可声明的，国家标准草案不予批准发布。

（4）关于专利许可费用。国家标准中所涉及专利的实施许可及许可使用费问题，由标准使用人与专利权人或专利申请人依据专利权人或者专利申请人做出的专利实施许可声明协商处理。

（5）关于强制性标准。强制性国家标准一般不涉及专利，强制性国家标准确有必要涉及专利且专利权人或者专利申请人拒绝做出上述（1）或（2）规定的专利实施许可声明的，应当由国家标准化管理委员会、国家知识产权局及相关部门和专利权人或专利申请人协商专利处置办法。

第四节 标准化中的商标权问题

一、商标的含义与功能

（一）商标的含义与类型

商标是指生产者、经营者或提供服务的相关方在其商品或服务上使用的，由文字、图形、字母、数字、三维标识、颜色组合、声音和气味等要素，以及上述要素的组合构成的具有显著性、便于识别商品和服务来源的标识。从不同角度，可以将商标划分为不同类型：根据是否登记注册，可将商标划分为注册商标和未注册商标；根据使用对象不同，可将商标划分为商品商标和服务商标；根据使用主体不同，可将商标划分为制造商标和销售商标；根据用途不同，可将商标划分为集体商标和证明商标；根据使用目的不同，可将商标划分为联合商标和防御商标。

（二）商标的质量保证功能

区别商品来源被认为是商标最原始和最基本的功能。"商标这种事物原本是为区别商品和服务来源应运而生的。这是商标的根本功能，也是它生存的唯一理由"（李春田，2002）。随着消费经济的崛起，商标独立于商品的价值凸显出来，同时商标的表达功能愈发得到发挥。消费者行为学认为，在符号消费社会中，商品的使用价值已退居次席，人们更加注重的是商品呈现出的符号意义。如今商标早已不再是单纯的指示商品来源的工具，其自身也成为消费对象的一部分，即商标发挥着表彰符号意义的功能。商标的质量保证功能是由商标识别功能衍生出来的目的之一。

商品的品质保证功能不在于保证商品质量的高品质，而在于表明以同一商标所表明的商品或服务具有同样的品质，即具有品质的统一性。因此，企业为维护自身商标在消费者心目中的信誉，需要努力保证使用同一商标的商品质量相同。而消费者在具有竞争关系的产品、服务中进行选择时，就有了相应的依据。如此，商标也就在客观上起到了防止商品或者服务质量下降，保证其品质的作用。

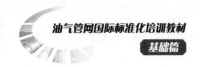

二、商标对标准内容信息的表达

（一）标准的内容是信息

形形色色的产品具有不同的功能、品质与特征，而这些功能、品质与特征多是通过标准来规定的，如电器安全标准规定了电器要符合安全使用的要求，计算机软件兼容标准表达了该产品的可兼容性程度，食品营养标准规定了食品的蛋白质、脂肪、热量等营养成分的含量，绿色食品标准则是对食品的有机性、污染性等方面的规定。当然，这些标准可能是政府强制性的或者市场自愿性的，可能是技术兼容标准或产品质量与安全标准，亦可能是产品标准、过程标准或服务标准。不管标准的形式与效力如何，标准均表达了对产品功能、品质与特征的规定性，这一规定性是对产品所承载的各种各样信息的规定。

（二）商标是标准信息的外在化表现

标准表达的是信息，且这一信息是复杂的、不对称的。但是，产品需要面对消费者，即需要将产品的内在信息外在化。产品内在信息外在化的基本途径是商业标识，如大型零售商家乐福（Carrefour）制订了名为"Carrefour Agir"的系列商业标识计划，该计划包括四类子标识：一是"Carrefour Agir Eco Planete"，该标识的基本含义是表达其所提供产品的环境友好性；二是"Carrefour Agir Bio"，该标识的基本含义是表达其所提供产品或食品是有机的；三是"Carrefour Agir Solidarie"，该标识的基本含义是其所提供的产品或服务是经过公平贸易的，即没有贸易歧视；四是"Carrefour Agir Nutrition"，该标识的基本含义是其所提供的食品是健康的。附有上述表达不同含义标识的产品须符合相应的标准，如附有表达环境友好性的"Carrefour Agir Eco Planete"标识的木质产品（如木质家具）须符合森林管理委员会（FSC）制定的有关保护森林和避免植被破坏的标准。此外，上述不同标识所表达的部分标准是由 Carrefour 自己制定的。

三、证明商标对质量标准的表达

证明商标（certification mark，CM），在瑞士《商标法》中又被称为"担保商标"（guarantee mark）。证明商标有三种类型：一是证明商标用以证明商品或服务来自特定的地域，如法国某地区蒸馏白兰地的证明商标为"COGNAC"；二是证明商标用以证明商品或服务符合有关质量、材质或生产方式的特定标准，如"UL"证明商标；三是证明商标用以证明商品或服务由某工会或其他组织成员来完成，或者证明工作者符合特定的标准。根据我国《商标法》，地理标志可以被注册为证明商标。其实，证明商标包括两个基本类型，一是产品证明商标（product certification mark），即表示某一产品符合特定标准要求的标识，如质量标识、安全标识、产品注册标识等；二是体系证明商标（systems certification mark），即表示某一管理体系符合特定国家或国际认可标准要求的标识，如质量管理体系、环境管理体系等。

证明商标表达质量标准的前提是质量标准体系。现代商标法规定，在申请注册证明商标时，申请人须对商标意图证明的标准做出声明，当然一个商标并不限于只证明一个特征。同时，申请人还须提交一份判断他人是否可以在其产品或服务中使用该证明商标的标准。这一标准既可以是申请人自己制定的，也可以是他人制定的标准，如政府机构制定的标准或其他行业组织、企业等主体制定的标准。我国《集体商标、证明商标注册和管理办法》规定，证明商标的使用管理规则应当有多个方面，包括证明商标证明的商品的特定品质和使用该证明商标的条件。证明商标的存在是以质量标准为前提的，因为证明商标旨在证明使用该证明商标的商品符合其质量标准。而且，质量标准经常是以体系化形式表达的。例如我国绿色食品标识属于证明商标范畴，其权利人是中国绿色食品发展中心，其表达的标准即属于食品安全标准范畴。

证明商标表达质量标准的公信力是第三方认证。证明商标的一个基础原则是证明商标所有人不能在相应的商品或服务上使用该证明商标。该原则出自这样的理念，即如果从事对产品或服务进行认证的认证人不能够独立，那么是不符合公共利益的。因此，根据英国《商标法》，如果欲申请注册证明商标的申请人所从事的业务涉及提供商标所证明的商品或服务的，则不予以注册证明商标。那么，如果证明商标所有人从事了与该商标所证明的商品或服务有关的业务，该证明商标将被撤销。证明商标表达质量标准是通过第三方认证实现的，一般情况是证明商标的权利人即为该证明商标的认证机构。我国《集体商标、证明商标注册和管理办法》规定，证明商标的使用管理规则应当包括"使用该证明商标的手续"及"注册人对使用该证明商标商品的检验监督制度"等内容。

四、标准化组织的商标政策

（一）英国标准协会（BSI）的商标政策

在英国，根据《皇家特许》（Royal Charter and Bye-Laws）规定，英国标准协会（BSI）的职能是制定、销售和传播标准，同时促进英国标准和国际标准的广泛应用。《皇家特许》还规定，为实现推广应用标准之目的，BSI可以使用标识，并采用检测、认证等技术手段。1903年，英国制造商开始在符合尺寸标准的钢轨上使用世界上第一个认证标识——BSI的"风筝标识"。1919年英国政府颁布了《商标法》，规定经第三方检验机构检验合格的产品方可使用"风筝标识"。1921年成立的英国标识委员会负责管理"风筝标识"的发放使用和管理工作。1926年，英国标识委员会向英国电气总公司颁发了第一个《风筝标识使用许可证》。1975年开始在家用电器及其他安全设备和产品上使用BSI安全标识。目前，在从沙井盖到安全套、安全锁、灭火器和骑行头盔的数百种产品上都能看到BSI"风筝标识"。将BSI"风筝标识"与产品或服务相关联可以确认其符合特定标准。每个BSI"风筝标识"方案都涉及确定是否符合产品的相关标准或规格及对供应商运营的管理系统的评估。

（二）美国保险商实验室（UL）的商标政策

美国保险商实验室（Underwrites Laboratories Inc., UL）是全球最大的从事安全试验和鉴定的民间机构之一。在100多年的发展历程中，其自身形成了一套严密的组织管理体制、标准开发和产品认证程序。其中，UL标识是美国保险商实验室对机电（包括民用电器）类产品颁发的安全保证标识。UL标识分为三类，分别是列名、分级和认可标识，这些标识的主要组成部分是UL的图案，它们都注册了商标，分别用在不同产品上，相互之间是不通用的。某个公司通过了UL认证并不表示该企业的所有产品都是UL产品，只有附带UL标识的产品才能被认为是UL跟踪检验服务下生产的产品。早在1998年，UL认证标识作为证明商标已在我国原国家工商行政管理总局商标局进行了商标注册。后来，UL又将其拥有的UL和RU商标向海关总署进行了知识产权海关保护备案，受到我国《商标法》的严格保护。

🔍 本章要点

标准具有强烈的公共特征，知识产权具有鲜明的私权属性，二者既有价值冲突，又融合发展，本章对知识产权的概念及标准中涉及的知识产权类型、技术标准与专利结合的三种方式进行了介绍，需掌握的知识点包括：

➢ 知识产权的概念界定；

➢ 知识产权的特征、知识产权发展的现状和趋势；

➢ 标准中涉及的知识产权类型、技术标准与专利结合的三种方式；

➢ 标准必要专利（SEP）的概念和FRAND原则；

➢ 我国与国际标准化组织的专利政策。

参 考 文 献

［1］张平，马骁.标准化与知识产权战略［M］.北京：知识产权出版社，2005.

［2］宋伟.知识产权管理［M］.合肥：中国科学技术大学出版社，2010.

［3］国家标准化管理委员会，国家市场监督管理总局标准创新管理司.国际标准化教程［M］.3版.北京：中国标准出版社，2021.

［4］李春田，房庆，王平.标准化概论［M］.7版.北京：中国人民大学出版社，2022.

第四章 标准化与合格评定

第一节 合格评定基础知识

一、合格评定的基本概念

（一）关贸总协定关于合格评定及合格评定程序的定义

合格评定一词最早由国际标准化组织（ISO）所使用，即 1985 年 ISO 理事会将其设立的认证委员会改名为合格评定委员会。根据 ISO/IEC 17000 所给出的定义，合格评定（Conformity Assessment）是指"与产品、过程、体系、人员或机构有关的规定要求得到满足的证实。合格评定程序则是指任何用以确定是否满足技术法规或标准中相关要求的程序。

合格评定一般由认证、认可和互认等 3 个方面组成。合格评定是一种通称，"合格"即"符合"的意思，所以合格评定也可称符合性评定。

（二）GB/T 27000—2023《合格评定 词汇和通用原则》关于合格评定、认证和认可的定义

中国国家标准 GB/T 27000—2023《合格评定 词汇和通用原则》中规定：

合格评定：明示的需求或期望得到满足的证实。

认证：与合格评定对象有关的第三方证明，认可除外。

认可：正式表明合格评定机构具备实施特定合格评定活动的能力、公正性和一致运作的第三方证明。

（三）合格评定与认证、认可的关系

由上述定义可以看出，认证、认可是合格评定中的 2 项基本活动，均属合格评定的范畴。合格评定源于认证，是认证概念的发展与扩大。有时，人们习惯于将合格评定俗称为认证，然而认证仅是第三方的行为，合格评定却包括：

（1）第一方的自我声明；

（2）第二方或第三方的验证、检验、检查、培训等机构和人员的认证、认可活动。

合格评定、认证及认可之间的关系如图4-1所示。认证与认可的区别如表4-1所示。

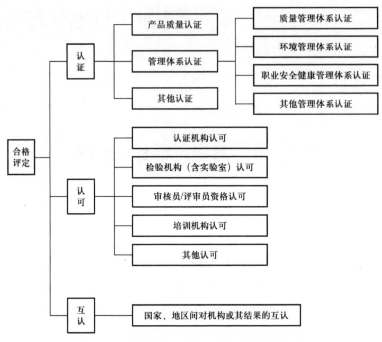

图 4-1　合格评定、认证及认可之间的关系

表 4-1　认证与认可的区别

项目	认证	认可
主体	具有认证资格的第三方机构	授权机构（政府主管部门授权的机构）
对象	产品、过程、服务、体系	从事特定活动的机构和人员
目的	对被认证组织的产品或体系等主体事项提供符合性的书面证明，使公众确信其符合规定要求	对被认可方从事特定活动的资格给予承认和批准
内容	依据特定的标准对特定事项的符合性进行审核与评定，以确认其对规定的符合性	依据特定的准则对机构或个人从事特定活动的能力予以评定，以确认其所具备的能力

二、合格评定的作用

产品和服务就像是承诺。商业顾客、消费者、用户和政府官员对产品和服务的质量、环保、安全性、经济、可靠性、兼容性、互操作性、效率和有效性等特征都有所期望。证明这些特征符合标准、法规及其他规范要求的过程称为合格评定。

消费者可从合格评定中获益，因为合格评定为消费者提供了选择产品或服务的基础。消费者可能更信任有正式供方声明的，或加贴符合性标签或证书的产品或服务，因为这些证据能证明产品或服务的质量、安全性或其他所希望的特性符合要求。

制造商和服务提供者需要确定其产品和服务符合所声明的标准并按顾客的期望提供。按照 ISO 和国际电工委员会（IEC）制定的相关国际标准对其产品和服务进行评定，有助于产品和服务符合当前技术水平，从而避免因产品失效在市场上遭受损失。

当公共卫生、安全或环境面临危险时，合格评定通常被法规规定为强制要求。如果没有适当的评定和批准，货物可能被禁止出售，供方可能会失去政府采购合同的投标资格。ISO/IEC 国际标准和指南提供了关于合格评定的良好规范，以及相互承认的要求及指南。监管者也从合格评定中获益，因合格评定为他们提供了执行国家卫生、安全和环境法规及实现公共政策目标的手段。

在全世界范围协调合格评定程序，对国际贸易具有长远利益。跨境贸易的出口商面对的主要障碍之一是：产品多次检测和（或）认证的昂贵费用。非透明或歧视性的合格评定程序可以成为有效的保护主义工具，或"技术性贸易壁垒"。TBT 协定的制定是为了确保技术法规、标准及依据这些法规和标准进行的合格评定不会对国际贸易造成不必要的障碍。通过对 TBT 协定的认真研究发现，ISO/IEC 制定的合格评定标准和指南在协调合格评定规范及作为合格评定机构技术能力的基本要求方面都非常有用。

所有国家都依赖合格评定，但许多发展中国家在建立和维持有活力的合格评定资源方面面临特殊的挑战。全球化时代，在参与贸易和商业的各方越来越期望国际通行的"最佳实践"的情况下，这种形势更具挑战性。这不仅包括直接参与贸易的各方，还包括影响贸易环境的其他方，例如监管者和政府权力机构，他们致力于保护自己的公民不受危险或劣质产品及诸如环境恶化等其他方面的不利影响。

一直以来，合格评定就是社会结构的一个组成部分，作为一种工具向使用者保证已经采取了措施，就所提供的产品、服务和商品的数量、质量、特性、性能或其他期望的要求进行确认。因此，需要以更广阔的视角来看待合格评定，而不仅仅视其为贸易推动者。

三、合格评定与标准

合格评定与标准化工作密不可分，主要体现在以下两方面。

（1）合格评定需要采用可为供方、采购方、合格评定机构和监管者使用的国家标准、区域标准和国际标准，以确定合格评定中各对象的要求，并评定其与标准的符合性。国际标准 ISO/IEC 17007《合格评定　合格评定用规范性文件编写指南》概述了合格评定所用标准的基本特性。

① 标准的编写必须适用于下列使用者：

——制造商或供方（第一方）；

——用户或采购方（第二方）；

——独立机构（第三方）。

与标准的符合性必须与具体的评定形式（如认证或认可）无关。

② 标准的范围应明确描述适用的对象类型及对象的规定特性。例如一个适用于塑料供水管的标准可能仅规定了塑料水管用于供应饮用水的适宜性，而其他特性，如尺寸和机械强度，可能在其他标准中规定或由制造商自己规定。

③ 标准的编写应促进而不是阻碍技术进步，这一点通常通过规定产品性能要求而不是设计要求来实现。

④ 应明确规定要求，并给出所要求的限值和允差，以及验证规定特性的检测方法。

⑤ 规定要求不应受主观因素的影响，应避免使用"足够强"或"强度足够大"之类的词语。

⑥ 检测方法应予以明确描述，并与标准的目的一致。检测方法应客观、明确、准确，并可获得无歧义、可重复和可再现的结果，以使在规定条件下获得的检测结果具有可比性。建议检测方法的描述包括准确度、再现性和重复性的声明。

⑦ 检测应尽可能在合理期限内，以合理费用提供与其目标一致的结果。

⑧ 只要在相同置信水平上可以替代破坏性检测方法，就应选择非破坏性检测方法。

⑨ 选择检测方法时，应考虑通用的检测方法和其他标准中类似特性的检测方法。描述检测方法时，建议引用其他相关标准，而不是在每个标准中全文引述检测方法。

⑩ 检测设备如果只有一个购买渠道，或未商品化而需要单独制造，则标准中还应规定设备要求，以确保各参与方能够进行可比检测。

虽然相对于其他合格评定对象，这些特点更适用于实物产品，但是其原则也适用于关于服务、过程、体系、人员和机构的标准，目的是避免由于对标准的不同解释和各使用方的不同期望而可能导致的问题。

虽然标准可以由许多组织（包括公司和监管者）制定，但是制定协商一致的标准通常是国家标准机构的责任，他们会考虑平衡使用标准的各利益相关方的观点。在参与国际标准制定活动中，国家标准机构还起到纽带和桥梁作用。

（2）合格评定活动需要符合规范合格评定及实施合格评定的机构行为的标准要求。这些标准旨在确保国际各合格评定机构及其合作机构（例如认可机构）的活动能够协调一致。国际标准化组织合格评定委员会（ISO/CASCO）负责制定和维护这些合格评定标准。

因为合格评定活动在产品和服务贸易中起着非常重要的作用，所以很有必要尽可能使国际上的合格评定活动协调一致。如果合格评定在各经济体内的实施是一致的，则对于国内消费者也会受益，这说明了合格评定标准化的重要性。

还有必要指出，标准不仅在贸易和商务中起重要作用，还涉及人们日常生活的许多方面，包括公共卫生、工人安全及环境和消费者保护等社会问题。合格评定广泛用于验证影响我们生活的这些方面的法规是否被遵守，合格评定的结果常常会被相关监管机构所采信。

四、合格评定技术

仅把"合格评定"理解为认证的情况相当普遍。事实上，包括产品或服务的供方、采购方和可能的其他利益相关方（例如保险公司和官方监管机构）在内的许多人都能实施合格评定，而不仅仅是"认证"。为方便起见，将在谈及合格评定时涉及的使用者归纳为：

（1）提供被评定对象的人员或组织（第一方）；

（2）具有被评定对象使用方利益的人员或组织（第二方）；

（3）独立于第一方和第二方的人员和机构（第三方）。

每一类合格评定使用者都有特定需求，故合格评定的实施方式是多种多样的。合格评定功能法是主要的合格评定技术，它的基本功能包括：选取、确定、复核与证明、监督（如果需要）。

每个功能包括如下所述的一些活动，一个功能的输出作为下一个功能的输入。

（1）"选取"包括：

① 明确符合性评定所依据的标准或其他文件的规定；

② 选取拟被评定对象样品；

③ 统计抽样技术的规范（适宜时）。

（2）"确定"包括：

① 为确定评定对象的规定特性而进行的测试；

② 对评定对象物理特性的检查；

③ 对评定对象相关的体系和记录的审核；

④ 对评定对象的质量评价；

⑤ 对评定对象的规范和图纸的审查。

（3）"复核与证明"包括：

① 评审从确定阶段收集的评定对象符合规定要求的证据；

② 返回确定阶段，以解决不符合项问题；

③ 拟定并发布符合性声明；

④ 在合格产品上加贴符合性标志。

（4）"监督"包括：

① 在生产现场或通往市场的供应链中进行确定活动；

② 在市场中进行确定活动；

③ 在使用现场进行确定活动；

④ 评审确定活动的结果；

⑤ 返回确定阶段，以解决不符合项问题；

⑥ 拟定并发布持续符合性确认书；

⑦ 如果有不符合项，启动补救和预防措施。

五、合格评定国际机制和国际互认活动

（一）合格评定国际机制

合格评定国际机制是指国际标准化组织（ISO）和国际电工委员会（IEC）等国际组织为了维护国际合格评定秩序、促进共同发展、规范国际合格评定行为而建立的一系列有约束力的制度性安排和活动规则，它包括合格评定的原则、规范、规则、程序和组织制度。

（1）原则、规范一般是指合格评定的理念及其价值取向，如开展合格评定应遵循的客观独立、公正公开、诚实信用的原则。

（2）规则是指在各国合格评定实践的基础上，有关国际组织制定并颁布实施的合格评定国际标准、导则、实施指南等国际文件，如 ISO 和 IEC 标准、导则、实施指南文件等。

（3）程序是指合格评定国际机制实际运作的途径。

（4）组织制度是合格评定国际机制的组织安排，即国际机制要以相应的国际组织为载体和依托，如 ISO、IEC、IAF、ILAC 等国际组织。

合格评定国际机制建立和运作的实践，逐步形成了合格评定活动的国际理念：一是相互依存和合作的理念。在各国合格评定制度和机构相互依存及全球性合格评定问题普遍存在的情况下，通过合格评定国际机制进行合作，实现合作，从而使合作各方分享利益和成果，以求得实现双赢、多赢的局面。二是法理和规则意识。该理念是法治观念在国际合格评定界的延伸，主张由国际组织及其成员共同制定原则、规则和标准与导则，来规范合格评定的国际关系，处理国际事务，协调利益分配。在国际合格评定界，特别强调各国家和地区的合格评定行为和国际关系要受共同认同的一系列规章、标准、程序的约束，如合格评定的国际多边互认协议，并倡导机制规范下的共同行动和共同责任。三是强调理性思维和行动。合格评定国际机制调整下的各成员的行为应与国际机制所确定的行为规范相协调，国家合格评定制度也要与国际机制并存互补，共同发挥作用，理性地处理好两者之间的关系，兼顾各成员的现实利益和超国家的国际机制未来的发展和走势。

（二）国际合格评定标准和导则

作为国际标准化领域的两大国际标准化组织，ISO 和 IEC 均设有专门负责合格评定工作的管理机构：合格评定委员会（ISO/CASCO）、合格评定局（IEC/CAB）。ISO/CASCO负责组织制定、修订合格评定国际标准和导则；IEC/CAB 是 IEC 在合格评定领域的管理和决策机构，负责认证认可领域的制度建设、方针制定、检测与认证体系的建立等工作。

到目前为止，ISO/CASCO 已制定、发布且正在生效的国际标准、导则有 37 个，涵盖了合格评定活动的基本规则、互认体系、符合性标志、供方声明、认可、产品认证、管理体系认证、服务认证、检验、检测、检查人员认证等活动。

（三）合格评定国际机制下的国际互认活动

1. 国际互认活动

合格评定国际互认活动是指以双边或多边相互承认或接受合格评定结果为目标而开展

的有关国际活动。按照合格评定国际标准和导则建立合格评定制度，并遵循世界贸易组织（WTO）所确定的原则进行合格评定结果的相互承认，是开展国际互认活动的重要前提条件。合格评定结果的国际互认建立在各国或各地区政府间相互信任和对合格评定机构能力充分信任的基础之上，而相互信任关系的建立需要通过具体的国际合作安排实现（许增德，2011）。国际互认活动可以在国家、区域和国际三个层次上进行，即在两国的政府或合格评定机构之间、区域和国际合格评定组织的各成员之间，通过签订双边或多边国际互认协议加以规定和实施。国际互认活动亦可以在任何一类合格评定活动，如在实验室、检查、认证、认可等强制性或自愿性的合格评定活动中开展。

2. 国际互认体系的发展

以认证认可活动为代表的合格评定活动发展至今历经一个世纪，到20世纪80年代之后，在ISO和IEC的积极倡导下，先期在ISO建立了认证委员会（CERTICO）[后更名为合格评定委员会（CASCO）]，负责研究制定包括认证认可国际互认在内的ISO/IEC国际标准和导则，并开始在电工电子产品领域推行以国际标准为依据，全世界范围内多国参加的国际认证制度。从80年代初，IEC开始建立检验检测和认证结果的国际互认体系，如IEC电工产品检测与认证体系（IECEE）、IEC防爆电气安全认证体系（IECEx）、IEC电子元器件质量评定体系（IECQ）等。其中，IECEE电工产品检测互认体系（IECEE/CB体系）已经成为国际认证认可界最具影响的产品检测国际互认体系之一。国际认可论坛（IAF）于1995年正式签订IAF管理体系"谅解备忘录"（IAF/MOU），明确了IAF将致力于在世界范围内建立一套合格评定体系，通过确保已认可的认证证书的可信度来减少商业及其顾客的风险。

3. 国际互认协议

合格评定结果的国际互认，要以签署双边或多边国际互认协议加以规定和保证。标准化和合格评定领域的国际或区域组织均致力于合格评定活动结果的国际互认工作，以减少不合理的技术性贸易壁垒对国际贸易的负面影响。国际标准化组织合格评定委员会和国际电工委员会已制定颁布了《合格评定结果的承认和接受协议》（ISO/IEC指南68），用以规范合格评定互认活动。

六、国际合格评定体系

国际电工委员会IEC在其合格评定局管理下运行四个合格评定体系。

（一）国际电工委员会电工产品及元器件测试与认证体系（IECEE）

IECEE-CB是电工产品安全测试报告的国际互认体系，通过这个体系，经批准的检测实验室出具的并由国家认证机构采用CB试验证书形式承认的检测报告，可被其他国家认证机构接受，作为他们自己国家（或区域）颁发的认证证书。

（二）国际电工委员会电子元器件质量认证体系（IECQ）

IECQ 包括 3 个方面内容：

（1）过程管理认证。它提供独立认证，验证电子元器件及相关材料和过程（包括供应链中用户级规范之下的元器件、材料和过程）符合适用的标准、规范或其他文件。

（2）使用质量管理标准的有害物质过程管理（HSPM）认证。公司可通过该认证确保其过程和控制遵守关于电子元器件中有害物质（诸如铅、汞和镉）的本地法规。

（3）针对航空电子元器件的电子元器件认证计划（ECMP）。它提供获认可的第三方对电子元器件管理计划的评审。并应遵守 IEC TS 62239。

（三）国际电工委员会防爆电气产品安全认证体系（IECEx）

IECEx 与爆炸环境的安全有关。它包含 4 个方面内容：

（1）用于爆炸危害区域中使用的产品（"爆炸区产品"）的认证设备计划。

（2）用于爆炸区产品修理的认证服务设施计划。

（3）与认证设备计划联合使用的符合性标志许可体系。

（4）人员认证计划。它提供人员能力的证明，证明其具有履行与爆炸环境有关规定责任的能力。

（四）国际电工委员会可再生能源设备认证互认体系（IECRE）

目前，IECRE 体系包括风能、海洋能及光伏 3 个领域，随着可再生能源产业的发展，还将有更多的领域加入该体系。

七、合格评定标准和合格评定程序

（一）合格评定工具箱

"合格评定工具箱"是由国际标准化组织合格评定委员会（ISO/CASCO）制定的一系列合格评定的国际标准和文件。这些标准和文件为开展合格评定活动提供了规范的、可操作的工具，被形象地称为"合格评定工具箱"。合格评定工具箱包含了认证认可领域的系列国际标准和指南，主要有以下方面的内容：合格评定的通用词汇、原则、通用要求；合格评定良好实践准则；认证；认可；检验、检测、校准；符合性标志；多边互认协议。现行有效的 ISO/IEC 合格评定指南目录见附录。

（二）合格评定委员会

合格评定委员会（CASCO）是 ISO 三个政策制定委员会之一，CASCO 负责在合格评定范畴制定国际标准和指南，经过多年的努力，制定了系列合格评定标准和指南，用于指导全球合格评定活动，为支撑 WTO/TBT 协定的实施做出重要贡献。CASCO 的职责和目标包括：

（1）研究产品、过程、服务和管理体系与适用标准或其他技术规范符合性的评定方法；

（2）制定与检测、检验和产品、过程、服务的认证，以及管理体系的评审等实践相关的标准和指南，制定与检测实验室、检验机构、认证和认可机构及其运行和接受相关的标准和指南；

（3）促进国家、区域合格评定体系的互认与接受，以及对检测、检验、认证、评审及相关其他用途国际标准的合理使用。

中国合格评定国家认可委员会（CNAS）是根据《中华人民共和国认证认可条例》的规定，由国家认证认可监督管理委员会批准设立并授权的国家认可机构，统一负责对认证机构、实验室和检验机构等相关机构的认可工作，下设36个专业委员会，如电气专业委员会、石油化石专业委员会、工程建设与建材专业委员会等，是中国依法设立的唯一合格评定国家认可机构，与国际认可论坛（IAF）、太平洋认可合作组织（PAC）、国际实验室认可合作组织（ILAC）和亚太实验室认可合作组织（APLAC）的正式成员和互认协议签署方，在国际认可体系中有着重要地位和作用。

中国计量认证（CMA）是我国通过计量立法，对为社会出具公证数据的检验机构（实验室）进行强制考核的一种手段，也可以说是具有中国特点的政府对实验室的强制认可。经计量认证合格的产品质量检验机构所提供的数据，用于贸易出证、产品质量评价、成果鉴定作为公证数据，具有法律效力。取得计量认证合格证书的产品质量检验机构，可按证书上所限定的检验项目，在其产品检验报告上使用计量认证标志，标志由CMA三个英文字母形成的图形和检验机构计量认证书编号两部分组成。2022年，自然资源部中国地质调查局油气资源调查中心收到了来自国家市场监督管理总局颁发的"检验检测机构资质认定证书"，这标志着油气调查中心实验室的质量体系、管理水平和检验检测技术能力均达到了国家认可水平，并成为自然资源部近六年来唯一一家新增的专门从事油气领域的具备CMA资质认定的检测机构。

（三）合格评定程序

贸易中的非关税壁垒问题是关税和贸易总协定（GATT）于1973—1979年"东京回合"谈判中的主要议题之一，并达成了一系列非关税壁垒协定，其中涉及技术法规、标准和质量认证的是TBT协定。1993年结束的"乌拉圭回合"谈判又进一步发展和完善了这一协定，重点是将质量认证拓展为合格评定程序。

合格评定程序包括：抽样、试验和检验程序；合格的评价、验证和保证程序；注册、认可及批准程序。

合格评定程序的基本规定是：

1. 确保符合国际指南

各缔约方中央政府机构实施的合格评定程序，应确保以国际标准化机构颁布的有关指

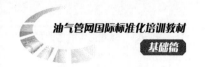

南或标准为基础，但出于以下原因可以除外：

（1）国家安全要求；

（2）防止欺诈行为；

（3）保护人类健康或安全；

（4）保护动植物的生命、健康，保护环境；

（5）基本气候或其他地理因素；

（6）基本技术或基础结构。

2. 不建立特殊的进口产品合格评定程序

本国产品实施的合格评定程序，应同时给予来自其他缔约方同类产品的供货者按该程序规则进行合格评定的权利，并可获得认证标志的使用权。即一个缔约方中央政府实施的合格评定程序，应既适用于本国产品，又同时适用于进口的同类产品，不应专门制定实施进口产品的合格评定程序。

3. 收费标准内外统一

为评定产品的合格性而收取的费用，对本国产品和其他任何国家的同类产品应一样公平。

4. 早期通报

如果一个缔约方采用的合格评定程序的技术内容不符合国际标准化机构颁布的有关指南和标准，并对其他缔约方的贸易有重大影响时，该缔约方应在早期适当阶段，在出版物上刊登拟采用的合格评定程序通知，包括所涉及的产品，以便其他缔约方提出书面意见。

5. 向各缔约方及时提供合格评定程序

各缔约方应确保已采用的所有合格评定程序迅速出版，或以其他方式提供。在出版和生效之间应留出合理时间，以便出口国的生产者有时间使其产品或生产方法适合进口国的要求。

6. 中央政府机构对合格评定的承认

各缔约方中央政府机构应在可能时接受在其他缔约方实行的合格评定程序的结果，以鼓励各缔约方积极谈判，订立相互承认合格评定程序结果的协议，以便促进有关产品贸易的发展。

还要求每一缔约方应确保设立一个咨询处，能回答其他缔约方及其有利害关系的当事方的所有合理询问，并能提供本国实施的技术法规、标准、合格评定程序，以及参加国际标准化机构、国际合格评定体系的组织和双边、多边协议的资料。

最后，值得注意的是 ISO/IEC 指南 60《ISO/IEC 合格评定良好行为规范》是指导各国规范其合格评定活动的重要文件。

第二节 产品质量认证

　　产品质量认证是市场经济发展到一定阶段的产物。随着市场经济规模的不断扩大和经济一体化，为提高产品信誉和市场竞争力，减少重复检验和消除技术性贸易壁垒，维护生产者、经销者、用户和消费者各方权益，产生了第三方产品质量认证。这种质量认证不受产销双方的经济利益支配，以其公正、科学的工作树立起了权威和信誉，已成为世界各国对产品进行公正评价和市场监督的通行做法。

　　产品质量认证作为中介性的技术服务体系，在提高贸易效率、政府间接控制产品质量、帮助企业改进产品质量等方面起着很大的作用。在中国特色社会主义市场经济的发展中，其重要性也正被各级经济主管部门和社会各界所认可。

　　1981年4月，中国电子元器件质量认证委员会成立，中国的产品质量认证工作开始起步，发展至今已形成了较为完整的产品质量认证制度。

一、产品质量认证的作用

（一）产品质量认证使供应商认证社会化

　　随着技术进步，生产的专业化分工，社会化协作的发展，一个行业主导（或主机）企业外协件的品种、规格日趋复杂，某些外协件的质量对主导产品的技术水平有着举足轻重的作用。为此，主导企业不得不组织一批工程技术人员、经营管理人员（包括质量管理工程师）对协作企业的产品质量或质量保证能力进行考察、评价、评定。凡是产品质量或质量保证能力符合要求的单位就确定为合格供应商，在采购中作为优先选择的合作伙伴。

（二）产品质量认证是政府间接控制产品质量的有效机制

　　在市场经济国家，政府间接控制产品质量的措施中，认证是一种比较有效的机制。对涉及人身健康、社会安全、环境保护及重大技术经济政策的产品，政府采取立法的形式，在规定市场准入制度时，常常把取得某种认证标志作为允许上市的基本条件，从而把这些产品的质量置于认证机构的全面监督之中。例如欧洲的温度计、安全头盔等。

　　另外，政府的主要采购活动采用招标方式时有一个基本条件，即认证合格企业才有投标资格，才有希望取得政府采购合同，其目的也是保证政府采购的有效性，如国防部门的订货等。

（三）产品质量认证为消费者选购商品服务，具有指导消费的功能

　　市场商品的结构越来越复杂，特别是新技术产品，消费者感觉已很难识别真伪，这就需要认证为其提供选购商品的指导。工业发达国家的实践证明，即使价格略高一些，消费

者还是愿意购买有产品认证标志的商品。

（四）促进企业的产品质量改进，提高产品的市场竞争能力

世界上没有完美无缺的产品，只有不断改进的产品。企业应当把认证当作一种外部的推动机制，把认证机构在认证过程中反馈的信息作为内部质量改进的动力，以实事求是的态度严肃认真地采取各种改进措施，提高自己的整体素质，提高产品在市场上的竞争能力。

二、中国产品质量认证的认可制度

（一）实施国家认可制度是中国法律法规的要求

《中华人民共和国产品质量法》第十四条第二款明确规定：

"国家参照国际先进的产品标准和技术要求，推行产品质量认证制度。企业根据自愿原则可以向国务院市场监督管理部门认可的或者国务院市场监督管理部门授权的部门认可的认证机构申请产品质量认证。经认证合格的，由认证机构颁发产品质量认证证书，准许企业在产品或者其包装上使用产品质量认证标志。"

这是中国产品质量认证工作的法律依据，其要点为：

（1）产品质量认证机构应接受国家认可；

（2）坚持企业自愿申请的原则；

（3）产品质量认证应参照国际先进的产品标准和技术要求；

（4）产品质量认证结果用产品质量认证证书及认证标志来表达；

（5）认可机构的授权机构是国务院认证认可监督管理部门。

（二）实施国家认可制度是确保产品认证机构规范化运作的有效措施

认可机构须经政府主管部门的依法授权，依据国际准则独立地对产品认证机构开展评审活动，并公正地做出认可评定结论。同时，认可委员会的委员要有广泛代表性，要有知名的专家学者，使得认可结果能得到社会各界的普遍承认。认可机构自身的运作也要符合国际指南的要求，并建立形成文件的质量体系，以保证认可评审过程的科学性和程序化。特别是获准认可前的现场观察活动和获准认可后的监督措施是确保并证实认证机构按认可准则要求规范化运作的有效措施。

（三）实施国家认可制度是确保认证工作质量、提高认证机构信誉的有效措施

《中华人民共和国认证认可条例》第四条规定："国家实行统一的认证认可监督管理制度。国家对认证认可工作实行在国务院认证认可监督管理部门统一管理、监督和综合协调下，各有关方面共同实施的工作机制。"

提高认证工作质量，确保质量认证的有效性是永恒的主题。我们必须切实抓好质量认证全过程控制，包括标准宣贯、认证咨询、认证实施和监督管理。通过认可机构按照科学的程序，委派专家依照认可准则对认证机构的认可评审，可以监管认证机构是否能坚持标准，严格按照科学的认证程序，规范化地实施认证，并建立有文件化的质量体系，确保认证工作质量。

同时，由于认可机构的公正、权威及良好的信誉，必将使获得认可的认证机构在企业及社会上树立信誉。认可制度监督机构的运作和市场机制的作用，又促进认证机构主动以高质量、高效率的工作来维护机构的信誉，从而维护质量认证的声誉。

三、中国的产品质量认证体系

为保证中国产品质量认证制度的公正、科学及权威，必须将认证工作纳入法治化管理的轨道，当前中国已初步形成了产品质量认证的法规体系。

目前，涉及产品质量认证工作的法律、法规和规范性文件包括：

（1）《中华人民共和国标准化法》首次将中国的质量认证工作纳入法治轨道，并就质量认证工作的管理、采用的标准及认证的形式等做出了明确的规定；

（2）《中华人民共和国产品质量法》对产品质量认证工作做出了更明确的规定；

（3）《中华人民共和国认证认可条例》以专项法规的形式全面具体地规范了中国的认证认可活动；

（4）产品认证认可规范性文件指南包括：

① CNAB-AC21：2002（ISO/IEC 指南 65：1996）《认证机构实施产品认证的认可基本要求》；

② CNAB-AC22：2002（IAF 对 ISO/IEC 指南 65 的应用指南：1999）《认证机构实施产品认证的认可基本要求》应用指南；

③ CNAB-AG23：2002《认证机构实施产品认证运作实施指南》。

国家市场监督管理总局还将依照与国际接轨和适应中国市场经济体制需要，陆续颁发有关质量认证工作规章，以确保中国质量认证工作在法治化管理轨道上稳步健康地发展。与此同时，国家认监委先后批准认可了 20 多个产品质量认证机构，其中，电子元器件认证委员会和电工产品认证委员会已分别成为 IECQ 和 IECEE 的全权成员。

四、典型的产品认证制度

典型的产品认证制度包括 4 个基本要素：

（1）型式检验；

（2）质量体系检查评定；

（3）监督检验；

（4）监督检查。

前 2 个要素是取得认证资格必须具备的基本条件，后 2 个要素是认证后的监督措施。

ISO/IEC 指南 28《典型的第三方产品认证制度通则》规定了实施这种认证制度应遵循的一般要求和基本要素。

（一）型式检验

型式检验的原意是为批准产品的设计，查明产品是否能够满足技术规范全部要求所进行的检验。它是新产品鉴定中必不可少的组成部分，只有通过型式检验，该产品才能正式投入生产。然而，对质量认证来说，一般不对正在设计的新产品进行认证。认证所进行的型式检验，是对一个或多个具有生产代表性的产品样品利用检验手段进行合格评价。

型式检验的依据是产品标准。检验所需样品的数量由认证机构确定，检验样品从制造厂的最终产品中随机抽取。检验的地点应在认可的独立的检验机构进行，对于个别特殊的检验项目，如果检验机构缺少所需的检验设备，可在独立检验机构或认证机构的监督下使用制造厂的检验设备。

（二）质量体系检查评定

任何一个企业要想有效地保证产品质量持续地达到规定的要求，都必须根据本企业的具体情况建立质量体系。

在产品认证中为什么要进行质量体系检查？实践证明，仅仅依靠对最终产品的抽样检验来进行产品认证是不充分的，具有较大的风险。即使是建立在统计学基础上的抽样检验，也只能证明一个产品批次的质量，不能证明以后出厂的产品是否持续符合要求。然而，第三方质量认证最重要的目的是确保消费者所购买产品的质量可靠性。

证明产品质量持续符合要求的方法有 2 种：

（1）逐批检验，这将大大提高认证所需的费用；

（2）通过检查评定企业的质量体系，来证明该企业具有持续稳定生产合格产品的能力，显然这是一种经济、有效的方法。

（三）监督检验

确保带有认证标志的产品质量可靠性是产品质量认证制度得以存在和发展的基础，如果达不到这一目的，消费者和需方将对认证失去信任，就失去了质量认证的意义。因此，当产品通过认证以后，如何保持产品质量的稳定性，确保出厂的产品持续符合要求是认证机构十分关心的问题。解决这个问题的措施之一，就是定期对认证产品进行监督检验。

一般来说，首次型式检验只能证明申请认证产品的样品或一批产品的质量符合标准，不能证明后来出厂的产品质量是否符合标准。监督检验就是从生产企业的最终产品中或者从市场抽取样品，由认可的独立检验机构进行检验，如果检验结果证明产品符合要求，则允许继续使用认证标志；如果不符合，则需根据具体情况采取必要的措施，防止在不符合标准的产品上使用认证标志。监督检验的周期一般为每年 2～4 次。

进行监督检验的项目，不必像首次型式检验那样按照标准规定的全部要求进行检验和试验。检验重点是那些与制造有关的项目，特别是顾客意见较多的质量问题。

（四）监督检查

监督检查是指对认证产品的生产企业的质量保证能力进行定期检查，使企业坚持实施已经建立起来的质量体系，从而保证产品质量的稳定，这是又一项监督措施。监督检查的内容可以比首次的质量体系检查简单一些，重点是查看首次检查中发现的不符合项是否已经有效改正，质量体系的修改是否能确保达到质量要求，并通过查阅有关的质量记录证实质量体系的运行情况。

五、产品质量认证程序

（一）企业申请认证的条件

《中华人民共和国认证认可条例》中的相关规定：

——第十八条：任何法人、组织和个人可以自愿委托依法设立的认证机构进行产品、服务、管理体系认证。

——第三十三条：列入目录产品的生产者或销售者、进口商，均可自行委托指定的认证机构进行认证。

（二）企业申请产品质量认证的程序

企业申请产品质量认证必须按规定的程序进行：

（1）提出申请意向；

（2）专家咨询（必要时）；

（3）申请认证；

（4）审查申请材料；

（5）签订合同；

（6）文件审查；

（7）质量体系审核；

（8）现场抽取样品；

（9）型式检验；

（10）颁发证书；

（11）质量体系监督检查；

（12）产品质量监督检验；

（13）审查报告；

……

产品认证工作的详细流程见图4-2。

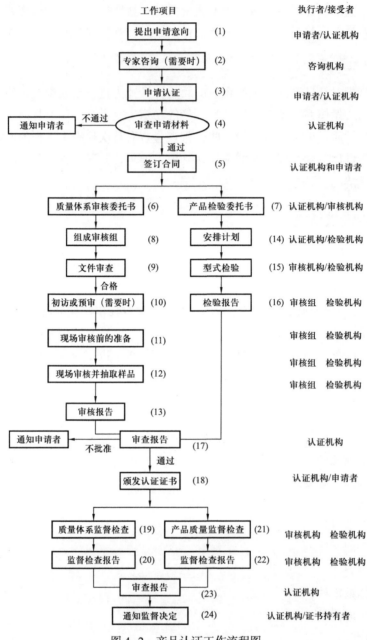

图 4-2 产品认证工作流程图

第三节 管理体系认证

管理体系认证是合格评定中的一种重要认证活动，是对供方是否能够满足顾客要求，具有某方面管理能力的评价活动。管理体系认证根据顾客要求和依据的标准不同，有质量管理体系认证、环境管理体系认证和职业健康安全管理体系认证等多种内容。

一、质量管理体系认证

（一）质量管理体系认证的概念及其与产品质量认证的区别

1. 质量管理体系认证的概念

质量管理体系认证（简称"质量体系认证"）也可称为"质量体系审核注册"，是指由第三方公证机构依据公开发布的质量标准，对供方的质量体系审核。审核合格的由第三方机构颁发质量体系认证证书，给予注册并向社会公布，证明供方特定产品的质量体系符合质量体系标准规定的要求。

由此定义可以明确看出：

第一，认证的对象是质量体系，更准确地说，是企业质量体系中影响持续按顾客的要求提供产品或服务的能力。

第二，实行质量体系认证的依据是有关质量体系的国际标准。国际标准化组织 1987 年 3 月发布的 ISO 9000 族标准（1994 年修订为第 2 版，2000 年修订为第 3 版，2008 年修订为第 4 版，2015 年修订为第 5 版），为各国开展质量体系认证提供了依据，申请认证的企业应以这些标准为指导，建立适用的质量体系；认证机构则按标准进行检查评定。

第三，鉴定质量体系是否符合标准要求的方法是质量体系审核。由认证机构派注册审核员对申请企业的质量体系进行检查评审，提交审核报告，提出审核结论。

第四，证明取得质量体系认证资格的方式是质量体系认证证书和体系认证标记。证书和标记只证明该企业的质量体系符合标准，不证明该企业生产的任何产品符合产品标准。因此，质量体系认证的证书和标记都不能用于产品，不能使人产生产品质量符合标准规定要求的误解。

第五，质量体系认证是第三方从事的活动。第三方是指独立于第一方（供方）和第二方（需方）之外的一方，与第一方和第二方既无行政上的隶属关系，又无经济上的利害关系。强调体系认证要由第三方实施，是为了确保认证活动的公正性。

2. 质量体系认证与产品质量认证的区别

从质量体系认证的发展来看，它源于产品质量认证，但从实质上来看，它又异于产品质量认证。二者的区别有以下几点：

第一，认证对象不同。质量体系认证的对象是企业的质量管理体系，即企业持续按顾客的要求提供产品或服务的能力。而产品质量认证的对象是该组织的某一种或多种产品。虽然，质量体系认证也仍然会涉及相关的产品，有的企业申请质量体系认证时包本组织全部的产品范围，有的组织只申请部分的产品（例如军品部分或民品部分或某类主要产品），但质量体系认证的目的是通过认证证实本组织的质量体系符合选定的标准（本国的或国际的质量管理体系标准），在技术和管理上有足够的能力和水平持续、稳定地生产符

合规定要求的产品，使顾客满意。

第二，依据的标准不同。质量体系认证的依据是通用性的质量管理体系标准，例如本国、本区域（例如欧洲共同体）或国际标准化组织颁发的标准（中国国家标准 GB/T 19000、GB/T 19001、GB/T 19004 和 GB/T 19011 都是等同采用相应国际标准制定的）。因为开展质量体系认证的目的很大程度上都是为了贸易活动的需要，供方组织借此证明自己对外提供质量保证的能力以取得顾客的信任，并可减免第二方的认证或考评。产品认证所依据的产品标准数量众多，同样的产品在不同国家的产品标准也可能存在不同程度的差异，特别是缺乏国际标准的产品，差异可能更大。

第三，认证机构不同。质量体系认证机构一般是不能进行产品质量认证的，除非经认可机构认可。同样，产品质量认证机构一般也不能进行质量体系认证，经认可机构认可的除外。

第四，获准认证的证明方式及其使用场合不同。质量体系获准认证后，由认证机构给予注册，发放认证证书，并以质量体系认证单位名录的形式公开发布。获准认证的单位可在宣传品、展览会和产品推销活动中介绍质量体系认证证书，但是不能将体系认证证书和认证机构的标记在产品及其包装上使用，以避免与产品认证相混淆。

第五，认证性质不同。质量体系认证各国都是自愿性的。如果某个厂商，作为对其供应商实施质量控制的重要手段，要求为其供应产品或提供服务的企业提供通过质量体系认证的证明，那是一种民事行为，并非是国家或区域性组织的强制性规定。而产品质量认证则分为自愿性认证和强制性认证 2 类。

第六，申请企业类型不同。所有的企业都可以申请质量体系认证，而申请产品质量认证的企业必须是生产特定产品的企业。

（二）实行质量体系认证的意义

质量体系认证制度之所以得到世界各国的普遍重视，关键在于它是由第三方公正机构对质量体系做出正确、可靠的评价，从而使人们对产品质量建立信心。这对供方、需方、社会和国家都具有重要的意义，具体体现在以下几个方面：

第一，提高需方对供方的信任，增加订货。企业取得质量体系认证资格后，认证机构将通过名录或公报等形式向社会公布，公布的内容包括企业名称、地址，认证所依据的标准，以及覆盖的产品范围。这些信息向企业潜在的顾客传递了该企业所具有的质量管理能力，从而吸引更多的顾客向认证企业进行订货。

第二，促进企业完善质量体系。企业要获得第三方认证机构的质量体系认证或产品认证，都需要对其质量体系进行检查和完善，以提高其对产品质量的保证能力。同时，在认证机构对其质量体系实施检查和评定中发现的问题，均需及时加以纠正，凡此均会对企业完善其质量体系起到有力的促进作用。

第三，减少需方对供方的重复检查评定。需方与供方签订订货合同时，往往需要提出对供方的质量体系要求，并到供方现场去检查、评定其执行情况。一个供方常常面对许多这样的需方，每个需方都要检查评定该供方的质量体系，互相重复，会使供方不堪负担，需方也很麻烦。如果供方通过了第三方的审核评定（包括监督），获得了质量体系认证资格，就完全能够代表各个需方对该供方的审核，从而有效地减少甚至避免需方对供方质量体系的重复检查评审。

第四，有利于需方选择合格的供方。需方为了确保订货产品的质量满足规定的要求，在签订合同前，往往需要先对若干候选的供方的质量保证能力进行评价，从中选择一个最满意的供方与之订货。这种做法称之为合同前的评价，是一项费时、费力、费财的工作。实行质量体系认证后则可有效地解决这个问题，需方只需查阅质量体系认证机构发布的取得体系认证资格的企业注册名录，即可从中找到适合的供方与之订货。

第五，有利于保护消费者的利益。实施质量体系认证，对通过质量体系认证的企业予以注册公布，使消费者了解哪些企业的产品质量有保证，从而可以帮助消费者选购符合标准的产品，起到保护消费者利益的作用。

（三）质量体系认证的 4 个阶段

根据质量体系认证程序，质量体系认证的实施可分为 4 个阶段。

1. 提出申请

申请者（如企业）按照规定的内容和格式向体系认证机构提出书面申请，并提交质量手册和其他必要的信息。质量手册内容应能证实其质量体系满足所申请的质量管理体系标准（GB/T 19001—2016）的要求。向哪个体系认证机构申请由申请者自己选择。

体系认证机构在收到认证申请之日起 30 天内做出是否受理申请的决定，并书面通知申请者；如果不受理申请，应说明理由。

2. 体系审核

体系认证机构指派审核组对申请者的质量体系进行文件审查和现场审核。文件审查主要是审查申请者提交的质量手册的规定是否满足所申请的质量管理体系标准的要求，如果不能满足，审核组需向申请者提出，由申请者澄清、补充或修改。只有当文件审查通过后方可进行现场审核。现场审核的主要目的是检查评定质量体系与质量手册的规定是否一致，证实其符合质量管理体系标准要求的程度，做出审核结论，向体系认证机构提交审核报告。

审核组的正式成员应为注册审核员，其中至少应有 1 名注册主任审核员；必要时可聘请技术专家协助审核工作。

3. 审核发证

体系认证机构审查审核组提交的审核报告，对符合规定要求的，批准认证，向申请者颁发体系认证证书，证书有效期 3 年；对不符合规定要求的，亦应书面通知申请者。

体系认证机构应公布证书持有者的注册名录，其内容应包括注册的质量管理体系标准的编号及其年代号和所覆盖的产品范围。

4. 监督管理

监督管理的内容包括：

1）标志使用

体系认证证书的持有者应按体系认证机构的规定使用其专用的标志，不得将标志使用在产品上，防止顾客误认为产品获准认证。

2）通报

证书的持有者改变其认证审核时的质量体系，应及时将更改情况通报体系认证机构。体系认证机构根据具体情况决定是否需要重新评定。

3）监督检查

体系认证机构对证书持有者的质量体系每年至少进行 1 次监督检查，以使其质量体系继续保持。

4）监督后的处置

通过对证书持有者的质量体系的监督检查，如果证实其体系继续符合规定要求时，则保持其认证资格。如果证实其体系不符合规定要求时，则视其不符合的严重程度，由体系认证机构决定，暂停使用认证证书和标志，或撤销认证资格，收回其体系认证证书。

5）换发证书

在证书有效期内，如果遇到质量管理体系标准变更、体系认证的范围变更、或证书的持有者变更时，证书持有者可以申请换发证书，认证机构决定作必要的补充审核。

6）注销证书

在证书有效期内，由于体系认证规则或体系标准变更或其他原因，证书的持有者不愿保持其认证资格的，体系认证机构应收回其认证证书，注销认证资格。

二、其他管理体系标准的发展趋势

自 1987 年 ISO 正式发布 ISO 9000 系列标准以来，又陆续发布了 ISO 14000 环境管理体系标准、ISO/TS 16949《质量体系　汽车供应商采用 ISO 9001：2016 的特殊要求》技术规范。在此期间，区域或行业标准化组织又先后发布了许多类似 ISO 9000 系列标准的管理标准，并且依此对企业进行认证。

（一）环境管理体系标准（ISO 14000 系列标准）

根据 ISO 14001 的 3.1.2 定义：环境管理体系（EMS）是管理体系的一部分，用来管理环境因素、履行合规义务，并应对风险和机遇。它包括为制定、实施、实现、评审和保持环境方针所需的组织机构、规划活动、机构职责、惯例、程序、过程和资源。还包括组织的环境方针、目标和指标等管理方面的内容。

1996 年 9 月 1 日，ISO 发布的 1SO 14001：1996《环境管理体系　规范及使用指南》和 ISO 14001：1996《环境管理体系　原则、体系和支持技术通用指南》是 ISO 14000 系列标准中最重要的两项标准，被誉为 ISO 14000 环境管理系列的"龙头标准"。2004 年，

ISO/TC 207 完成了对这两项标准的第一次修订（第 2 版），其中 ISO 14001：2004 更名为《环境管理体系 要求及使用指南》；第 3 版的 ISO 14001 和 ISO 14004 分别于 2015 年和 2016 年相继完成修订（第二次修订），其中 ISO 14004：2016 更名为《环境管理体系 通用实施指南》。

我国早在 1996 年就由全国环境管理标准化技术委员会（SAC/TC 207）对 ISO 14001：1996 国际标准进行了跟踪研究并等同转化为 GB/T 24001—1996《环境管理体系 规范及使用指南》国家标准，后续随着 ISO 14001 国际标准的修订，完成了 GB/T 24001 的改版工作。GB/T 24001—2016《环境管理体系 要求及使用指南》于 2016 年 10 月 13 日正式发布，2017 年 5 月 1 日正式实施。同期制定并发布的环境管理体系国家标准还有 GB/T 24004—2017《环境管理体系 通用实施指南》，也是对相应国际标准的等同转化。

（二）职业健康安全管理体系标准（ISO 45001）

职业健康安全管理体系（Occupational Health and Safety Management System，英文简写为"OHSMS"）是 20 世纪 80 年代后期在国际上兴起的现代安全生产管理模式，它与 ISO 9000 和 ISO 14000 等标准体系一并被称为"后工业化时代的管理方法"。

最早的职业健康安全管理体系标准是由英国标准协会（BSI）、挪威船级社（DNV）等 13 个组织于 1999 年联合推出的国际性标准，包括 OHSAS 18001：1999《职业健康安全管理体系 规范》和 OHSAS 18002：1999《职业健康安全管理体系 OHSAS 18001 实施指南》，2007 年进行了修订。随着经济社会的发展和国际社会对职业健康安全管理体系的广泛重视与认可，国际标准化组织正式成立了 ISO/TC 283 职业健康安全管理技术委员会，并于 2018 年 3 月 12 日发布了 ISO 45001：2018《职业健康安全管理体系 要求及使用指南》国际标准，代替 OHSAS 18001：2007 和 OHSAS 18002：2007，正式上升为 ISO 标准，成为世界上第一个职业健康和安全国际标准。

我国于 2001—2002 年参照 OHSAS 18001：1999 和 OHSAS 18002：2000，制定了国家标准 GB/T 28001—2001《职业健康安全管理体系 规范》和 GB/T 28002—2002《职业健康安全管理体系 指南》两项国家标准。2011 年，随着 OHSAS 18001：2007 和 OHSAS 18002：2008 的发布，我国等同转化并发布了 GB/T 28001—2011《职业健康安全管理体系 要求》和 GB/T 28002—2011《职业健康安全管理体系 实施指南》国家标准。2018 年 ISO/TC 283 正式发布 ISO 45001：2018 国际标准后，我国等同转化为 GB/T 45001—2020《职业健康安全管理体系 要求及使用指南》国家标准，并于 2020 年 3 月 6 日正式发布实施。

（三）美国汽车行业质量管理体系标准（QS 9000 标准）

美国汽车行业质量管理体系标准（QS 9000 标准）是汽车厂对供应商的质量体系要求，是第二方认证的依据。该标准原是美国通用、福特和克莱斯勒 3 大汽车公司及其他 5 家生产载重汽车的公司在 ISO 9000 基础上，为适应汽车制造业的特殊要求，将各自的成功管理经验融入其中，加以充实完善形成的。1998 年出版第 3 次修订稿，其内容包括质量管理体系要求、质量体系评定和相关操作方法 3 部分，共 7 个文件：

（1）QS 9000 质量管理体系要求；

（2）测量系统分析（MSA）；

（3）产品零件认可程序（PPAP）；

（4）统计过程控制（SPC）；

（5）失效模式及影响分析（FMEA）；

（6）产品质量策划及控制计划（APQP）；

（7）质量体系评定（QSA）。

第 1 部分为核心文件，包括 ISO 9001 的基本要求并加以细化，又增加了汽车行业及顾客的特殊要求等。目前这套标准已成为具有广泛影响的、世界公认的汽车行业的质量管理体系标准。

（四）德国汽车行业质量管理体系标准（VDA 标准）

德国汽车行业质量管理体系标准（VDA 标准）手册是德国汽车工业协会（VDA）制定的一套汽车工业标准。其中，第 6 卷不仅包括物质产品，还包括服务行业。VDA 6 由 6 个部分组成：

（1）VDA 6.1 质量管理体系审核（物质产品）；

（2）VDA 6.2 质量管理体系审核（非物质产品）；

（3）VDA 6.3 过程 / 程序审核；

（4）VDA 6.4 现场审核；

（5）VDA 6.5 产品审核；

（6）VDA 6.6 服务审核。

其中 VDA 6.1 内容超出 ISO 9001 要求，涵盖了 ISO 9004-1 的所有要素及汽车行业的特殊要求。

VDA 6.1 分为两部分：

（1）U 部（企业管理）；

（2）P 部（产品与过程）。

U 部明确规定了企业最高管理层及各级管理层的职责和权限；P 部是从质量体系角度阐明产品与过程相关的质量管理体系要素。

（五）电信业质量管理体系标准（TL 9000 标准）

电信业质量管理体系标准（TL 9000 标准）是在 ISO 9000 国际标准的基础上，考虑电信行业特点制定的质量管理体系标准。电信业质量管理体系标准手册包括下述 4 部分要求：

（1）第 1 部分引用 ISO 9000 的全部要求；

（2）第 2 部分是电信行业（包括硬件、软件和服务）的通用要求；

（3）第 3 部分是硬件、软件和服务的特殊要求；

（4）第 4 部分是硬件、软件和服务的测量标准要求。

其中包括 21 个要素，增加了顾客满意度要求。TL 9000 分为 2 个部分：TL 9000《质量体系要求（QSRS）》和 TL 9000《质量体系测量标准（QSMS）》。

（六）仪器与药物制造行业质量管理体系标准（GMP）

良好制造规范（GMP）是用于仪器与药物生产厂的质量管理与认证体系标准。为在仪器和药物制造过程中，减少人为因素造成的误差，防止产品遭受污染或质量下降，保证生产出质量稳定、符合安全要求的产品，美国、日本、加拿大、新加坡、英国、澳大利亚等国参照良好制造规范（GMP）相继制定了食品和药品方面的许多强制性法规，对作业人员、厂房设施、环境卫生、仓储及运输等各管理环节均做出了强制性规定。良好制造规范（GMP）作为一种国际通行的准则，在药品与食品行业实施并认证已成为一种不可抗拒的国际潮流。

（七）欧洲医疗器械供应商质量体系标准（EN 46001 标准）

欧洲标准 EN 46001：1996《质量体系　医疗器械对采用 EN 1901 的特殊要求》是在 ISO 9001 的基础上结合行业特点，对医疗器械的设计研制、生产、安装和维修规定了质量体系要求，其中涵盖了良好制造规范（GMP）的所有规定。这是欧洲标准化委员会（CEN）为医疗器械制造商建立 ISO 9001 质量体系制定的配套标准，它不能单独使用，只能与 ISO 9001 配套使用。标准适用的医疗器械包括有源可植入医疗器械、有源医疗器械、可植入医疗器械、体外诊断器械、消毒医疗器械等。

（八）食品质量管理体系标准（HACCP）

危害分析与关键控制点规范（HACCP）是世界上食品特别是易腐烂变质的肉品和水产品的质量管理体系标准，已成为国际食品检验和控制产品质量的共同准则。其宗旨是将可能发生的质量危害因素消除在生产过程中，而不是靠事后检验来保证产品质量。美国、加拿大、印度、欧盟、泰国等已将危害分析与关键控制点规范的要领纳入法典，从而确保在食品生产过程中，对可能产生问题的主要环节（关键点）加以控制，以保证最终产品在销售和使用过程中，不致发生危害健康的问题。危害分析与关键控制点规范包括 7 个要素：

（1）危害分析；

（2）确定关键控制点；

（3）确定每个关键控制点的临界值；

（4）制定监督程序；

（5）采取纠正措施；

（6）记录；

（7）制定验证程序。

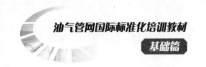
（九）社会责任管理体系标准（SA 8000 标准）

社会责任管理体系标准（SA 8000 标准）是由美国重要经济问题委员会认可机构主持制定的世界上第一个有关社会道德责任的国际标准。1997 年 10 月正式公布，从 1998 年 1 月实施，可供审核认证使用。社会责任管理体系标准的问世是管理体系标准的重要发展。

社会责任管理体系标准的主要目的是保护人类的基本权益，采用与 ISO 9000、ISO 14000 相同的过程模式，包括管理方针、策划、计划与实施、供应商控制、纠正措施、记录、管理评审等基本要素。对工作环境和工人关心的问题提出要求，涉及雇佣童工、职业健康与安全、歧视、工作时间、强迫性劳动、惩戒性措施、薪金和管理体系的建立等问题。随着社会责任管理体系标准的日臻完善，它将成为一个覆盖道德、社会和环境等广泛领域的国际标准。

（十）安全、健康、环境保护组织与管理程序（SCC 程序）

安全、健康、环境保护组织与管理程序（SCC 程序）主要用于建筑公司、保洁公司、保安公司，以及受矿物油公司委托在其场区从事绿化工作的机构和人员，近几年来石油化学工业和汽车行业也开始试用。安全、健康、环境保护组织与管理程序包括涉及安全认证分包方的 10 个方面的问题，须进行逐项审核与评价：

（1）安全、健康、环境保护组织与管理；

（2）员工选择；

（3）人员培训与管理；

（4）材料管理；

（5）安全、健康、环境保护的日常监督与检查；

（6）安全项目计划；

（7）事故调查与管理；

（8）安全健康与环境风险统计；

（9）应急措施；

（10）信息交流。

此外还有 EN 729《金属材料熔焊作业的质量管理》《国际船舶安全管理规则（ISM）》《安全质量评定体系（SQAS）》《石化企业 HSE 管理体系》、BS 7799《信息技术管理体系标准》《欧洲 ITSEC 准则》、优良商店作业规范（GSP）等，均是在 ISO 9000 之后出现的管理体系及认证标准。

从上述形形色色的管理体系标准，纷繁的认证、认可准则可以看出一些趋势：

（1）由于 ISO 9000 系列标准和 ISO 14000 系列标准的巨大成功，各类管理体系标准纷纷诞生，与之相适应的认证活动也会随之而来。尽管许多管理体系标准尚未列入 ISO 计划，但是随着各方面的努力，职业健康安全管理体系标准，安全、健康、环境保护组织与管理程序和社会责任管理体系标准成为国际标准已成必然。其他类型的管理标准也会应运而生。

（2）ISO 9000 和 ISO 14000 适用范围很广，即：适用于所有企业和所有产品，可以被组织所控制，以及可望对其施加影响的环境因素。总之，对所有组织都适用。因此，就会以行业特点为由，制定一些补充 ISO 9000、解释 ISO 9000 或 ISO 9000 实施指南等一类具有专业性质的标准。最典型的例子当属 ISO/TS 16949、QS 9000、TL 9000、ISM、SQAS、HACCP、HSE 等。各国的协（学）会、各国际组织、各区域组织，都可制定这类标准，以致这类标准发展的速度越来越快。

（3）由于区域贸易的发展，区域内各国利益所致，也要在 ISO 9000 和 ISO 14000 的基础上制定区域管理体系标准。当然这些标准不再会是通用的，而是结合行业特点，为区域行业服务。例如 EN 46001、EN 729、欧洲 ITSEC 准则等。正如前面所述，单一的区域标准会由于经济一体化而减少，但是突出专业特点的区域标准会日益增多。

（4）由于管理标准的与日俱增，认证型式花样翻新，企业进入市场不可能了解那么多认证，就像法律太多必须请律师一样，企业会请咨询师指导，选择相应的管理标准和认证型式，这样会增加企业负担和生产成本。例如某企业已经通过了 20 多种认证，几乎每天都有认证机构在现场审核、复查和监督。这样下去会导致企业抵制这些认证。因为这些认证都只针对企业活动的某一方面，管理标准也只针对企业的某部分过程。从企业整体出发，如果能用一种认证涵盖多种型式的认证要求，使用一种标准建立一体化管理体系，无疑会降低企业的生产成本，提高有效性和效率。因此，国际标准化组织多年来一直在努力开拓一体化工作。

🔍 本章要点

本章围绕合格评定基础知识、产品质量认证、管理体系认证三方面进行详细介绍，需掌握的知识点包括：

➢ 国内外对合格评定的定义、作用、合格评定与标准之间的联系；
➢ ISO 和 IEC 建立的合格评定国际机制；
➢ 在国际机制下的国际互认活动，IEC 的四个合格评定体系、ISO 的合格评定标准和程序；
➢ 我国产品质量认证的制度、体系和程序；
➢ 质量管理体系认证的概念、意义和流程。

参 考 文 献

［1］国家标准化管理委员会，国家市场监督管理总局标准创新管理司.国际标准化教程［M］.3 版.北京：中国标准出版社，2021.
［2］全国认证认可标准化技术委员会.合格评定建立信任：合格评定工具箱［M］.北京：中国标准出版社，2011.
［3］李春田，房庆，王平.标准化概论（第七版）［M］.北京：中国人民大学出版社，2022.

第一节　国际标准化的产生与发展

一、国际标准化的起源

国际标准化作为人类一项有意识、有组织的活动，从大工业生产出现后开始，随着世界经济的发展和社会的进步，逐步产生和发展而来。

18世纪末，从欧洲开始的工业革命使得生产力有了巨大的发展，工业生产面貌出现了根本的改变。随着工业技术的飞速发展，生产规模的不断扩大，以及市场竞争的日益激烈，标准化成为对生产实行科学管理的一种重要手段，发生了质的飞跃，产生了近代标准化。这时，出现了一批有意识制定的企业标准，并且逐步从分散的企业标准发展到行业标准，继而又从行业标准发展到国家标准，在全国范围内谋求标准的统一和协调。与此同时，国家之间科技文化的交流与贸易往来日益频繁，要求标准化跨越国界并在更广泛的范围内发挥作用。这就是国际标准化得以发展的客观条件。国际标准化的出现，意味着人类的标准化活动进入了一个更高的层次，并在更大的范围内影响和推动生产发展和科技进步。

1886年9月24日—26日，在慕尼黑理工学院教授约翰·鲍生格的倡导下，第一次国际标准化会议在德国德累斯顿召开，参加会议的有来自北美和欧洲10个国家的代表。会议讨论了制定统一的材料试验标准问题，并创立了国际材料试验协会（IATM）。这是一次具有伟大历史意义的会议，它所提倡的"采取一种新的形式进行工作，以满足国际上科学、技术、工业和贸易发展所需要"的宗旨，被公认是国际标准化历史上的重大创举，开创了国际标准化活动的先河。从1886年召开的第一次国际标准化会议算起，国际标准化已经走过了一个多世纪的历程。

二、国际标准化的发展

随着社会经济和技术的发展，越来越多的国家和行业领域意识到标准对于统一协调工业化大生产的重要性，国际标准化活动也得到进一步发展。

为了顺利实现国际电报通信，1865年20个国家代表成立国际电报联盟，后更名为国际电信联盟（International Telecommunication Union，ITU）。

1906 年，13 个国家的代表在英国伦敦开会，起草并通过了国际电工委员会（International Electrotechnical Commission，IEC）的组织章程，正式成立国际电工委员会。

第一次世界大战中，由于对军火的大量需求，以及各国生产的武器弹药不能通用造成了严重后果，使人们意识到国际标准化的必要性和迫切性。大战结束后，不仅 IEC 立即恢复了活动，同时各国也酝酿成立活动领域更广泛的国际标准化机构。

国际标准化组织（International Organization for Standardization，ISO）的成立，标志着国际标准化迈入了全面发展的阶段。1946 年，来自 25 个国家的代表在英国伦敦开会，通过了建立国际标准化组织（ISO）的决议。1947 年 2 月 23 日，国际标准化组织正式成立。

随着世界各国之间国际贸易和商业的不断扩大，在社会、经济等各个领域对国际标准化的需求日益增加，各区域标准化机构和国家标准化机构也获得了快速发展，与三大国际标准化机构［国际标准化组织（ISO）、国际电工委员会（IEC）和国际电信联盟（ITU）］之间形成了相互补充、相互融合的关系。

20 世纪 90 年代，全球逐步进入信息时代。进入新世纪之后，世界范围内蓬勃兴起的新技术革命推动经济全球化成为不可逆的趋势。随着国际贸易的迅速发展，各国企业纷纷走出国界，走上国际大市场，国际经济秩序的建立更使现代标准化具有国际性，采用国际标准成为各国标准化工作的重要方针和政策，国际化的标准和国际认证制度的重要性日益凸显。

高新技术的层出不穷，产品频繁的更新换代，市场风云的变幻多端，使现代标准化一直处于动态发展之中，提高国际参与度、制修订国际标准或向国际标准靠拢逐渐成为各国标准化的发展走向。国际标准化，无论是涉及领域的广度和深度，参与国家和组织的广泛性，还是管理运行的规范化、透明度，以及内容形式的多样性，都是前所未有的，呈现出欣欣向荣、蓬勃发展的新局面。近年来，国际标准化活动又有了新的发展。

（一）采取快速、灵活的措施，加速制定国际标准

这些措施主要有以下几个方面：

（1）根据市场需要和标准成熟程度，运用多种标准文件形式。这些标准文件形式有：国际标准、可公开提供的规范、指南等。

（2）在特定情况下，采用"快速程序"，减少某些中间环节，缩短国际标准制定周期。

（3）充分运用电子信息化手段。ISO 提供清晰、完整、有效的程序，包括业务计划、服务协议、过程记录、项目评审和维护等工作模式、工作程序及 IT 工具，来支持标准文件的制定。IEC 通过最大限度地使用电子文件交换和配送，缩短技术工作时间，建立一套现代化和协调一致的与各成员交流的系统，把制定 IEC 标准所需的平均时间至少减少50％。

（4）进一步加强 ISO、IEC 和 ITU 的合作。通过协调业务计划，共同开展活动，寻求政策的一致性。例如专利政策、版权政策的一致性。同时成立联合技术委员会、工作组及

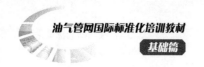

咨询机构，进一步改善协调机制。

（5）以制定国际标准为目标，与具有多国投入、全球性的标准制定组织建立合作伙伴关系。同时，建立一种新的机制，提高采用其他标准制定机构的可供多国使用标准的灵活性。例如认可为国际标准、采用"双标识"合作出版物。

（6）加强与市场用户，特别是工业界的合作。

IEC 提出，除了促进更多的工业部门参与 IEC 的一般进程外，还需要确立一种新的用于补充标准制定途径的机制，以满足工业界的特殊需求。这种新机制是：

（1）专门服务于不断更新的、迅速发展的技术，包括产品技术和产业共性技术；

（2）工业部门起领导作用，直接参与管理和制定标准的工作，直接介入现有工作委员会、技术委员会（TC）的工作，利用平台高效、快速地满足需求；

（3）可以同工业界一起调查潜在的新的工作领域，选择合适的新工作项目，并鼓励工业界参与全过程。

（二）国际标准化的领域不断拓展

国际标准化领域拓展具体是指标准所涉及专业领域的拓展、国际标准从技术标准向管理标准的拓展和服务业国际标准的发展。

1. 范围拓展

国际标准化活动首先是从共性基础零部件工业开始的，后才逐渐扩展至整个工业及工程建设、农业生产和交通运输等领域。近 30 年来，新技术革命拓宽了标准化的时空领域，强化了标准化与经济、技术和社会发展的关系，使标准化大有用武之地。在信息技术、电子商务、医疗保健、环境保护、食品安全、共享经济、城市可持续发展、民生服务、智能制造、物联网、第五代移动技术（5G）、智慧城市、未来社区等领域中的标准化活动，发展速度令人瞩目。

2. 产业拓展

1995 年世界贸易组织（World Trade Organization，WTO）和 ISO 提出"服务标准"的概念，受到国际、区域、国家标准化机构的关注。按照 WTO 和 ISO 的分类标准，服务业包括了旅游、邮政、金融、通信、医疗、交通运输、维修、供水、供电、公共事业等。ISO 已提出开展服务标准化工作的基本宗旨和指南，国际服务标准化技术组织的建设不断加强，服务业标准的覆盖范围不断拓宽。

3. 类型拓展

随着管理水平的提高和管理在经济社会发展中重要作用的凸显，国际标准化从单纯的技术标准化向技术与管理并重的标准化发展，从而促进了管理标准化的研究，产生了数量可观的管理体系国际标准，例如质量管理体系标准、环境管理体系标准、职业健康安全管理体系标准、食品安全管理体系标准、能源管理体系标准等。这些管理体系国际标准已经在世界各国得到广泛应用，产生了显著的社会效益和经济效益。

（三）国际标准组织的运作理念和运作方式不断革新

为了适应世界经济和社会发展的需要，ISO、IEC 和 ITU 分别制定了战略规划，在战略愿景、目标、发展方向上进行了调整，重点关注标准的市场适应性和提高发展中国家的参与度。

1. ISO、IEC 和 ITU 的战略愿景

ISO 2016—2020 战略规划确定的主要战略方向如下：

（1）通过全球各地 ISO 成员的共同努力制定高质量标准，这将涉及提升 ISO 技术委员会的工作能力，建立技术委员会领导者与来自不同国家、文化背景和分类领域利益相关者之间的共识。

（2）获得各利益相关方和合作者的支持，这将涉及尽可能多地提升 ISO 成员和利益相关者在标准制定中的投入，还涉及吸收相关主题领域的最好专家，解决领域内不同战略之间的全球性挑战。

（3）人与组织的发展。这将为 ISO 成员提供各种机会，使其更好地阐释、建立和指导他们参与 ISO 的各项工作；也将促进合作关系的建立与改善，以及通过 ISO 成员之间进行国家知识的共享和相关发展问题的解决，促进 ISO 成员之间的紧密合作。

（4）技术战略实践。技术的使用意味着以新的方式向利益相关方和客户提供服务提供机会，促进参与；为数据和文档提供改进的接口；提出开放、适应和稳健的解决方案，反映行业趋势和技术发展；保护 ISO 的数字内容，便于 ISO 成员开发、发布、搜索、访问、评论、连接、使用。

（5）传播。即除了其他措施，还将利用媒体关系、传播技术和社交网络实现 ISO 团体利益。

（6）制定全球通用的国际标准。要不断加强标准的实施，作为一种提升企业绩效的工具，制定国际标准相关补充内容，使 ISO 成员在消费者需要时能够为其提供更多辅助信息。

注：信息来源，国际标准化组织 https：//www.iso.org/。

IEC 确定的战略愿景如下：

（1）确保制定市场相关的 IEC 标准；

（2）尽可能支持和促进 IEC 标准在世界范围内被接受和使用；

（3）确保在 IEC 的组织结构和业务过程中的所有部门、级别和行业代表的物质利益；

（4）在新兴技术和聚合技术领域确保 IEC 标准的领导地位；

（5）减少标准制定过程的成本；

（6）应用最适当的成果以满足市场部门的需要，并优化现有资源，包括加强与其他机构合作；

（7）改进和扩展系统方法、流程和结构；

（8）在不降低质量的前提下，提高所有 IEC 标准化过程的运行有效性和效率。

注：信息来源，国际电工委员会 https：//www.iec.ch/。

ITU 确定的战略愿景如下：

在一个由互联世界赋能的信息社会里，电信/信息和通信技术将为每个人提供发展机会并加速实现社会、经济和环境可持续增长。

注：信息来源，国际电信联盟 https：//www.itu.int/。

2. ISO、IEC 和 ITU 的发展目标

ISO 的发展目标：

（1）ISO 标准无处不在。ISO 标准应被广泛使用，需要确保关键参与者知晓 ISO 标准带来的益处。

（2）满足全球需要。ISO 必须制定能够应对当前和未来挑战，适用于所有国家和使用者，基于协商一致的标准，确保当市场需要其标准时，标准是易访问、易使用和易获取的。

（3）倾听所有意见。ISO 体系必须具备包容性，确保无论是在制定标准还是在 ISO 作为组织机构做出决策时，都要鼓励每个人发表见解和倾听所有意见。

IEC 的发展目标：

IEC 致力于在电力、电子和相关技术领域的产品和服务方面，成为全球公认的标准制定领导者。这些标准与市场相关，并满足行业及其产品服务用户的最大利益。

ITU 的发展目标：

（1）增长。支持和促进电信/信息、通信和技术的使用，以支持数字经济和社会。

（2）包容性。弥合数字鸿沟，为所有人提供宽带接入。

（3）可持续性。应对由于电信/信息、通信和技术的快速增长而产生的新的风险、挑战和机遇。

（4）创新。促进电信/信息、通信和技术的创新，以支持社会的数字化转型。

（5）伙伴关系。为支持国际电联的所有战略目标，加强国际电联成员与所有利益相关方间的合作。

3. ISO、IEC 和 ITU 的新发展方向

ISO 将继续保持其世界领先的国际标准提供者身份，在这一坚实的基础上，应对未来在技术、经济、法律、环境、社会和政治等方面的关键机遇和风险挑战，审查和不断改进 ISO 系统，扩大利益相关方的参与和处理知识产权等事务。

IEC 将向着敏捷化、信息化、品牌化的趋势发展，以适应电气、电子和信息产业快速发展的需要。为此，IEC 已提出并正在研究一系列计划、活动和解决方案，引进顶尖人才、公司、机构，提高工作效率，比如青年专家计划、大使计划、未来领袖产业论坛、智囊团等。为有效推进其发展规划的后续实施，研究设立一系列重点专项，包括 ISO/IEC 协作、TC 之间协作、区域平衡、产业直接参与、新工作方法、机器可读标准等。

ITU 一直致力于通过信息通信技术推动社会和经济发展。近年来，ITU 持续关注包括

宽带光接入、视频编码、电子医疗与健康、物联网、智能电网、移动金融支付和智慧城市在内的新一代信息技术多个领域的国际标准化工作，尝试参与在网络信息技术标准化、缩小数字鸿沟、推动可持续发展等方面的工作。随着技术进步和市场业务发展需求，第五代移动通信（5G）技术标准制定是 ITU 今后的工作重点之一，并且未来将鼓励发达国家向发展中国家转移技术，以缩小标准化差距，使得更多人享受到信息通信技术进步带来的便利性。

4. 努力提高国际标准的市场适应性

各国际标准组织通过规范和灵活的标准立项和制定程序，遵循开放、平等的原则，达成共识，不断提高国际标准的市场适应性。以 ISO 为例：

（1）要求所有技术委员会在制定国际标准计划时对市场环境情况进行分析和描述，包括市场发展情况、市场发展对标准的需求、为适应市场需求技术委员会在机构和工作计划上的安排。

（2）在考虑建立新技术委员会和新工作项目提案时，使用标准价值评估工具。实践证明，这是评估市场需求和评估国际标准在国际市场中作用的有效工具。

（3）对于 2 年无进展的项目或超过 5 年没有进入出版阶段的项目予以自动撤销，这将使技术委员会在"正确的时间内制定正确的标准"方面获得更大改善。

5. 鼓励和帮助发展中国家参加 ISO 和 IEC 的活动

为鼓励和帮助发展中国家参加国际标准化工作。促进更多的利益相关方积极深入地参与国际标准的制修订，推动国际标准的广泛应用，国际标准组织通过结对、培训等方式，不断提升发展中国家参与国际标准化工作的能力。

实施发展中国家行动计划，包括：增强发展中国家相关方的标准化意识，加强标准化基础设施建设和提高参与国际标准化工作的能力，鼓励使用 ISO 的各种电子服务和 IT 工具，鼓励参与 ISO 的管理和技术工作并提供技术支持和培训服务。

IEC 的联络国家计划于 2001 年启动，其目标是充分利用 IEC 的电子环境让发展中国家以各种形式实质性参与 IEC 的标准化项目和活动，而不对其产生财务负担。通过 IEC 全球影响力，在发展中国家和新兴工业化国家提高对 IEC 国际标准的认识、使用和采用。

（四）各国对国际标准化工作越来越重视

20 世纪末，许多国家认真总结了 20 世纪 80 年代中期至 90 年代初期国际经济竞争的经验，认为控制和争夺重点领域的国际标准是应对市场竞争的有力武器。把国家标准上升为国际标准，往往可以带来极大利益，决定一个行业的兴衰，甚至影响国家的利益。在这种形势下，许多国家，特别是美国、日本、德国等发达国家，千方百计地在国际标准化活动中争取主动权、发言权，竭力让国际标准更符合本国国情，提升本国的利益，西方发达国家纷纷将"要么不做，要做就做成国际标准"作为各自国家的国际标准化目标。在积极参与国际标准组织的治理、承担 ISO/IEC 的技术委员会 / 分委员会秘书处工作、实质性参与国际标准的制定、培养国际标准化人才等方面都开展了大量的工作。以美国为例，美国标准学会（American National Standards Institute，ANSI）的年报显示，ANSI 在 2019 年的财务支出中，国际标准化相关活动的支出就占到了 38% 左右，是其最大的经费支出（信息来源，美国标准学会 https：//www.ansi.org/ ）。

（五）发达国家的跨国公司利用事实国际标准来控制国际市场

21 世纪是知识经济时代，企业的经济利益更多地取决于技术创新、知识产权保护和技术标准制定。有实力的跨国公司有效利用知识产权条约，把具有知识产权的事实国际标准作为迅速占领国际市场的重要武器，以技术联盟的形式，打造"共享专利池"和"事实国际标准"，形成技术垄断和竞争优势。

美国行业团体和跨国企业凭借技术实力，大力发展事实国际标准，开展国际经济竞争。美国材料与试验协会（ASTM）和美国石油学会（API）等行业团体宣称，他们制定的标准就是事实国际标准，并且在行动上也积极推进全球的扩张，力图形成以美国为中心的事实国际标准。

日本行业协会和跨国公司有效利用事实国际标准进行高新技术领域的市场竞争。例如为了使台式机、笔记本电脑及手机的屏幕都能显示三维图像，日本的索尼、三洋、Itochu、NTT 数据和夏普五家公司宣布组成了 3D 技术标准开发联盟。后来，微软、柯达和奥林巴斯三家公司也参加了该技术联盟。又如，为了推动射频识别（RFID）通信标准，索尼、菲利普和诺基亚成立了一个联盟，旨在开发一种"近地域通信"技术，使用户只要操作一台智能设备，或把两台设备靠近，就能够访问内容和服务，并可以传送数据。

这种利用事实国际标准来控制国际市场的国际竞争新态势，给发展中国家突破技术垄断，发展国际贸易造成了很大困难。

综上所述，国际标准化活动的发展呈现以下特点：

（1）国际标准化领域不断扩大，制定国际标准速度不断加快，国际标准的类型更加多样，与市场需求结合更加紧密；

（2）安全、健康、环境保护、资源节约与利用、信息技术、制造技术和产业基础技术、服务业、保护消费者利益等领域成为国际标准化发展的重点；

（3）大力推广应用国际标准，积极推进国际标准与合格评定相结合，努力实现"一个标准，一次检验，一次合格评定程序，接受一种标志"的目标；

（4）相关的国际组织、区域组织、国家组织及企业团体等积极参与国际标准化活动，促使国际标准化工作更加广泛地开展合作与交流；

（5）争夺国际标准主导权、担任国际标准组织主席等领导职务，形成事实国际标准，已成为发达国家标准化发展的战略选择；

（6）科研开发与标准化协调发展，科研成果及时转化为标准，并尽可能提升为国际标准。

三、国际标准化的作用

（一）为适应贸易国际化和贸易自由化的需要

国际标准可以为国际贸易提供基本的技术依据，为消除技术性贸易壁垒，实现贸易自由化创造条件，也可以为解决国际贸易质量纠纷创造公正的条件，提供仲裁的技术依据，还可以为在国际贸易中建立国家或企业的优势地位提供指导。WTO 的有关协定给予了国际标准化很重要的地位和作用。

（二）为满足产品跨国生产，跨国公司大量涌现的需要

随着社会化、专业化大生产的发展，现在许多产品的生产已不在一个国家内完成，许多企业也不仅是国内的企业，国际标准可以为这些产品的生产提供共同的技术依据，也可以为这些企业的管理和运行提供技术支撑。

（三）为迎接科学技术日新月异，知识经济时代到来的需要

国际标准化可以加速科技研发，促进科技成果转化为生产力，实现科技成果标准化，推动产业化，带动企业技术创新和科技进步，加快产业结构调整和产业升级，提高企业的市场竞争力。

（四）为达到保护全球资源和实现社会、环境可持续发展的需要

国际标准可以为节约资源，规范和促进资源可持续利用提供技术依据，也可以为预防和控制污染，实现生态环境可持续发展提供技术保障。

（五）为实现以人为本，提高人类生存质量的需要

国际标准可以成为保护人类安全、保护人体健康的重要武器，也可以成为人类享受各种服务，维护合法权益的武器。

四、国际标准化活动的内容

（一）研究、制定和发布国际标准

研究、制定和发布国际标准是国际标准化活动的基本内容。其特点如下：

（1）项目和内容的目的性原则。制定国际标准的项目和内容要适应市场的需求。

（2）程序的规范化和公开、透明。制定国际标准要按照规定的技术工作程序进行，并且广泛征求意见，使各相关方都能了解工作情况。

（3）利益相关方的广泛参与。制定国际标准工作过程中，利益相关方都能参与进来，充分反映各方面的需求。

（4）充分协商一致。制定国际标准过程中，对各种不同意见要充分协商，尽可能取得一致。

（5）实行统一的标准编写规则。起草国际标准要按照规定的国际标准结构和编写规则进行。

（6）明确的申诉程序。制定国际标准过程中，如果对形成的某些决议有异议，可以按照规定的程序申诉，以得到合理的解决。

国际标准组织各成员参与制定 ISO 和 IEC 国际标准时必须遵守一定的规则。ISO 和 IEC 对制定 ISO 和 IEC 国际标准编制了统一的规范要求，以便各成员在制定国际标准过程中共同遵循。

1986 年，ISO 和 IEC 首先统一了各自的标准起草和表述规则，联合颁布了《ISO/IEC 国际标准起草和表述规则》（第 1 版，1986）。1986 年后，ISO 和 IEC 进行全面合作，于 1989 年联合颁布了 ISO/IEC 导则的三个部分，即《ISO/IEC 导则　第 1 部分：技术工作程序》（第 1 版，1989），《ISO/IEC 导则　第 2 部分：国际标准的制定方法》（第 1 版，1989）和《ISO/IEC 导则　第 3 部分：国际标准的起草和表述》（第 2 版，1989）。此后《ISO/TEC 导则》进行过多次修改，现行的是《ISO/IEC 导则　第 1 部分：技术工作程序》（第 16 版，2020）和《ISO/IEC 导则　第 2 部分：ISO 和 IEC 文件结构与起草的原则和规则》（第 8 版，2018）。导则是从事 ISO 和 IEC 国际标准制定相关工作的指导性文件，修改频率很高，根据国际标准制修订过程中出现的问题及时补充和修订相关条款。这也要求国际标准化工作者要及时熟悉和掌握新版导则的内容。《ISO/IEC 导则》经过几次修订后，使得结构更加合理，规则更加完善，程序更加优化，并且对标准版权和标准中涉及知识产权特别是专利问题进行了规范。

（二）推广应用国际标准

国际标准是科学技术成果和实践经验的总结，是成千上万参与国际标准制定者智慧的结晶。只有国际标准被广泛应用了，才能发挥国际标准在国际贸易和经济技术交流中的重要作用。因此，ISO、IEC 和 ITU 三大国际标准组织、区域性标准组织和世界各国都积极采取措施，运用多种途径和方法，大力普及国际标准知识和推广应用国际标准。

1. 开展"世界标准日"活动，宣传普及国际标准

1969 年 9 月，ISO 理事会决定把每年的 10 月 14 日定为"世界标准日"。从 1970 年 10 月 14 日举行的第一届世界标准日活动至 2022 年，已举行了 53 届（信息来源，国际标准化组织 https://www.iso.org/）。每年的标准日都成为世界各国大规模宣传国际标准和标准化活动的盛大节日，也是标准化工作者的节日。庆祝活动多种多样，如举办报告会、座谈会；张贴宣传画、印发标准化资料；组织免费的标准化咨询活动等。从 1986 年第 17 届世界标准日开始，每年的活动都会确定一个主题。

2. 把应用国际标准作为世界贸易组织（WTO）成员共同遵循的规则

《世界贸易组织 / 技术性贸易壁垒协定》（WTO/TBT 协定）中包含了《制定、采纳和实施标准的良好行为规范》，该规范对各成员推广应用国际标准和参与制定国际标准做出

了明确规定。如规定，"如国际标准已经存在或即将拟就，标准化机构应使用这些标准或其中的相关部分作为其制定标准的基础，除非此类国际标准或其中的相关部分无效或不适当，例如由于保护程度不足，或基本气候或地理因素或基本技术问题"；还规定："为在尽可能广泛的基础上协调标准，标准化机构应以适当方式，在力所能及的范围内，充分参与有关国际标准化机构就其已采纳或预期采纳标准的主题制定国际标准的工作。对于每个成员领土内的标准化机构，只要可能，即应通过一个代表团参与一个特定国际标准化活动，该代表团代表该成员领土内所有标准化机构参与已采纳或预期采纳标准相关的国际标准化活动"。

3. 把应用国际标准与合格评定紧密结合起来

ISO 和 IEC 都非常重视扩大国际标准影响力的工作，并将推动各国积极采用国际标准作为战略任务写入标准化发展战略中。ISO 提出，促进国际标准化与合格评定体系的融合，努力建立一个科学、协调和有效的"国际标准化体系"，建立一个全球性合格评定框架，一套统一的规则和应用程序。IEC 也提出，要进一步推广"一个 IEC 标准，一种测试方法，全球接受一种标志"的模式。

4. 充分发挥国际标准用户联盟的作用

国际标准用户联盟（International Federation of Standards Users，IFAN）是一个独立的、非营利性的、代表标准用户利益的国际组织，其前身是成立于 1974 年的国际标准实践联合会。

20 世纪 70 年代以来，标准化工作发生了重大变化，现代科学技术的发展缩短了时间和空间距离，日益显现出国际标准化的重要作用。一方面国际标准被各国广泛采用，另一方面跨国公司日益增多，要求相互协调各国的标准。各国的标准实践组织也必须跨越国界，以适应新的形势。

为此，1974 年 3 月，来自 11 个国家的标准化组织在法国巴黎成立国际标准实践联合会（IFAN）。1998 年，在美国举行的 IFAN 第 25 届全体大会上，与会代表一致通过了 IFAN 新的组织章程。根据新章程的规定，IFAN 对组织机构进行了改组，并改名为国际标准用户联合会，机构缩写仍沿用 IFAN。

1981 年 10 月 15 日，IFAN 与 ISO 签订了合作协议，IFAN 作为世界标准用户组织的联合团体，通过"企业标准化—国家标准化—国际标准化—企业标准化"这一工作循环，来加强标准实践中的信息反馈工作。从 1982 年 1 月开始，ISO 中央秘书处承担 IFAN 秘书处的工作。

1998 年 11 月，IFAN 第 25 届全体大会通过了 IFAN 新的组织章程，对组织机构进行了重大改组，并易名为国际标准用户联盟，并与 ISO 签订了新的"谅解备忘录"。

IFAN 本身并不制定标准，其主要任务是：

（1）推动国际标准的统一实施；

（2）协助标准用户解决自行制定标准中的问题；

（3）在标准化和合格评定领域代表标准用户的利益和观点；

（4）与国际／区域标准化机构（ISO、IEC、ITU、CEN 等）进行合作；

（5）推进国际标准化和合格评定领域的网络建设。

IFAN 的主要活动方式有：

（1）组织召开国际大会、研讨会、专题会议等；

（2）对各国标准应用现状及存在问题进行调研并提出建议；

（3）收集和讨论标准用户的需求。

IFAN 的 2015—2020 年战略与政策文件规定了其 6 项战略目标，即：

（1）促进国际标准的制定和使用；

（2）影响国际标准化体系；

（3）鼓励尽可能使用自愿性标准；

（4）推广"合格评定架构、计划和程序符合用户需求"这一原则；

（5）支持与标准化有关的教育和培训；

（6）促进成员之间的信息共享和基准化。

5. 指导和规范各国采用国际标准

为了指导和规范各国采用国际标准，ISO 和 IEC 于 1999 年发布了 ISO/TEC 指南 21《采用国际标准为区域或国家标准》。经过修改，又于 2005 年发布了新的 ISO/IEC 指南 21。新版 ISO/IEC 指南 21 的总标题为《区域或国家对国际标准和其他国际可供使用文件的采用》，并分为以下两个部分：

——第 1 部分：国际标准的采用；

——第 2 部分：其他国际可供使用文件的采用。

该指南规定了采用国际标准的方法、国家标准与相应国际标准一致性程度的判定方法和标识方法、迅速识别技术性差异和编辑性修改的标识方法、采用国际标准的国家标准的编号方法等。

随着国际贸易和科学技术的迅速发展，采用国际标准和积极参加制定国际标准工作，已经成为各国抢占国际市场的重要途径。

（三）参与国际标准组织的治理

近年来，各国对国际标准化工作投入了巨大的热情，积极参与国际标准组织的治理，以期能够在国际标准制定中获得主动权。

1. 在国际标准化组织管理层任职

进入三大国际标准组织的最高领导层有利于国家更好地引进和学习国际先进技术，提升国家标准化的整体水平。因此，世界各国，尤其是发达国家，长期以来占据着三大国际标准组织高层管理者的职位，积极参与国际标准化活动的战略、政策和规则制定。

2008 年，我国成功成为 ISO 常任理事国，2011 年，我国成为 IEC 常任理事国。2013

年，我国专家张晓刚当选 ISO 主席；舒印彪于 2013 年起连续两届当选 IEC 副主席，并于 2019 年正式接任主席，成为 IEC 百年史上担任主席的首位中国专家；赵厚麟于 2014 年当选 ITU 新一任秘书长，2015 年正式上任，成为国际电信联盟 150 年历史上首位中国籍秘书长。同时，我国专家赴 ISO 总部任职并担任技术管理职务，实现了在 ISO 总部派员"零的突破"。

与此同时，各国也非常重视在关键技术领域的技术委员会和分委员会担任主席、副主席等高层职位。近年来，我国主动参与到各个技术委员会的工作之中。截至 2020 年底，我国共承担了 75 个 ISO、IEC 技术委员会和分委会主席和副主席，承担了 75 个秘书处。其中，由我国发起成立了稀土、中医药、烟花爆竹、铸造机械、智能电网用户接口、大规模能源并网、超高压输电等 10 多个技术委员会和分委会，并承担秘书处。

2. 参与 ISO/IEC 战略和政策制定

随着各国对外开放步伐的加快和对标准化工作的重视，国际标准化工作的要求越来越高，各国都纷纷加入参与国际标准组织战略和政策的制定，积极跟踪研究 ISO 和 IEC 战略、规则和政策，提出本国意见。

近年来，我国在参与 ISO 和 IEC 战略和重大政策制定方面，实质性参与了 ISO 关于版权协议、伙伴标准制定组织合作协议的制定及发展中国家事务委员会（Committee on developing country matters，DEVCO）的改革，ISO 内部机构改革等组织治理事务，积极参与《ISO 战略规划（2011—2015 年）》和《ISO 战略规划（2016—2020 年）行动计划》的制定和实施，围绕改革 ISO 治理与运作模式、创新组织架构、提升国际影响力、加强对 ISO 技术机构的整体规划和管理、提高国际标准提案的质量和全球相关性、鼓励新兴经济体参与、规定成员资质等方面，提出建设性意见并得到高度关注和积极采纳。举办了 IEC 发展战略系列高层圆桌会议，主持制定 IEC《物联网 2020》和《全球能源互联网》发展路线图。

（四）参加国际和区域标准组织的活动

参与三大国际标准组织和区域标准组织的活动，具体包括：

（1）参加 ISO 全体大会、IEC 全体大会和 ITU 全权代表大会；

（2）参加 ISO、IEC 和 ITU 的技术委员会会议；

（3）参加国际和区域标准组织的其他技术会议；

（4）参与国际和区域标准组织的相关标准化活动。

近年来，中国积极主办、承办国际标准化重要活动。2016 年 9 月，在北京举办了第 39 届 ISO 大会，共召开了 ISO 大会、理事会、技术管理局会议、国际组织领导人峰会、发展中国家事务委员会等大小会议 18 场。2019 年 10 月，在上海举办了第 83 届 IEC 大会，大会期间举行了 23 场双边会谈，签署了 7 个合作协议，举办了 6 场特色研讨会，展示了我国在电工电子领域标准化成果，增进了中外标准化交流。此外，我国每年还与国际和区域标准组织举办双多边活动和技术委员会会议近百场，在国际标准化中的作用进一步得到全球认可。

（五）国际标准化人才培养

高水平的国际标准化人才是开展国际标准化工作和参与国际标准组织治理的基本保障。目前国际标准化人才培养呈现以下特点：

（1）世界各国特别是主要发达国家均已将标准化人才培养纳入国家战略，教育的广度和深度都有明显推进；

（2）针对不同目标对象的标准化分类教育成为主流，同时针对不同教育类型进行课程设置、教材开发和教学方式的探索也将成为下一步标准化教育研究的重点；

（3）政府、产业、教育界之间的广泛合作和交流将是未来标准化教育发展的重要保证；

（4）标准化教育的国际交流和沟通不断加强，标准化人才的国际流动日益频繁。

发达国家很重视培养既熟悉 ISO 和 IEC 的国际标准化活动规则，又具有专业知识的国际标准化人才，并对国际标准化人才的素质提出了很高的要求：是该领域的技术或标准化的专家；掌握国际技术和经济状况的动向；知道自己所属企业、产业在国内及业界的竞争能力与位置，以及该技术有关的国外产业的动向；懂得该领域企业和产业的发展战略和有关国家政府的政策策略；有很强的英语表达能力；熟悉国际标准制定程序和规则，了解各国文化，具有很强的沟通协调能力。

近年来，我国国际标准化人才队伍建设也得到了夯实。2007 年，中国计量大学获得首届"ISO 标准化高等教育奖"，2011 年中国计量大学开创了标准化工程的本科专业，目前我国已有十多所高校开设标准化专业本科。在标准化教育国际化方面：2012 年国家标准委与 ISO 签订了《国际标准化组织（ISO）支持中国国家标准化管理委员会参与国际标准化活动的方案》合作备忘录，开展了"ISO/TC、SC 主席""ISO 秘书周""国家成员体管理员""ISO/TC.SC 投票员"的培训活动，对提升中国的标准化水平起到了重要作用。国家标准委、商务部、科技部联合启动东盟、非洲、俄罗斯和中亚国家标准化官员培训工作。通过不断努力，截至 2020 年底，我国参与了 93% 的 ISO 技术委员会和 100% 的 IEC 技术委员会，共有 9581 名国际标准注册专家，181 个国际标准制修订工作组召集人。我国先后有 157 名专家荣获"IEC1906 奖"和"ISO 卓越贡献奖"，3 名专家荣获"IEC 托马斯·爱迪生奖"；2018 年，由我国独立承担秘书处的船舶与海洋技术委员会（ISO/TC 8）首次获得"ISO 劳伦斯奖"。

五、国际标准化的发展趋势

（一）国际标准化是国际治理和再工业化的重要支撑

随着第 4 次科技革命和互联网经济的兴起，一个强调互联互通、利益共融的全球体系正在形成。当前，气候变化、粮食安全、社会治理、消除贸易壁垒等全球性议题引起关注，国际治理的新趋势突出表现在"合作"与"竞争"两个方面。在这一浪潮中，标准化起到的作用越来越重要。一方面，国际治理不仅表现为政治层面的协商、谈判，也广泛存在于经贸、技术等领域的务实合作。这些形式多样、日趋深入的合作成果，往往会以标准特别是国际标准的形式加以固化。通过互联互通、协商一致，促进开放合作、互利共赢，最终形成稳定的良好秩序。另一方面，伴随着全球经济下行压力增大、国际贸易基本面发生变化，全球体系的格局面临深刻调整。由于标准与知识产权、产业发展和贸易制度的联系日趋紧密，标准竞争成为全球竞争的制高点。

2017年以来，欧美发达经济体持续推进"再工业化"进程，制定顶层战略规划，并综合运用税收、贸易、金融、科技创新等政策措施，不断巩固提升工业实力和国际竞争力。为应对新工业革命的挑战，发达国家积极扶持和推进本国标准成为国际标准或事实上的国际标准，制定了以实体经济为核心的发展战略：美国的"重振制造业战略"、德国的"工业4.0"发展规划、日本的"制造业再兴战略"、韩国的"制造业新增长动力战略"、法国的"新工业法国战略"等，均把标准化作为支撑战略的重要手段，主导和影响产业及技术发展。所谓"得标准者得天下"，深刻揭示了标准的全球影响力。标准对于快速进入国际市场、促进产品的相互运作和增强国际竞争力有着不可小觑的作用。

（二）发达国家将国际标准化上升为重要的国家战略

在知识经济时代，往往需要标准先行。标准是世界上的"通用语言"，不再仅仅是产品、过程、组织共同和重复使用的规则，还成为了国家提升竞争力和综合实力的方式，上升到了国家战略的层面。实施国家标准化战略已经成为发达国家改革发展的基本趋势。

在世界多极化、经济全球化、经济低速增长态势持续的背景下，世界各国尤其是发达国家在国家标准化战略中高度重视国际标准化工作，纷纷制定和实施以控制和争夺国际标准制高点为核心的国家标准化战略，协同外交、政治、经济等手段，抢占国际标准制高点，维护和提升国家竞争力。欧盟制定了"控制型"的国际标准竞争战略，核心旨在建立一个欧洲各国通用的标准化体系，以此在国际上加强对标准工作的影响，并努力将欧洲标准转化为国际标准，通过欧洲标准联盟来影响并控制国际标准的设定。美国制定了"控制＋争夺型"国际标准竞争战略，要求体现美国技术水平，要深入参加国际标准化活动，全方位实施标准化举措，争夺制定国际标准的主导权。日本的"赶超型"国际标准化战略，一个很明显的特点在于十分强调将赶超与抗衡欧美作为本国实现国际标准化的目标，采取多种措施达到欧美的水平。

（三）国际标准化是国际贸易规则重构的重要工具

近年来，面对发展中经济体力量的整体崛起及国内外政治经济形势的新变化，发达国家贸易政策相应做出重大调整，其主要目的就是要削弱新兴经济体已经形成的比较优势，

加强发达国家的比较优势。与此同时，国际贸易从双边贸易向多边贸易发展，服务贸易、数字贸易的兴起，使调整和重构国际贸易规则成为重要议题。

在国际贸易规则重构的过程中，标准将成为一个非常重要的抓手。根据美国商务部统计，超过 80% 的全球贸易受到标准化的影响，每年金额超过 13 万亿美元。国际贸易中必须有各国都遵循的技术质量标准，这既是商业规则，也是社会责任的体现。这种游戏规则的制定，既有历史延续的因素，也反映主要制定者的利益诉求。目前国际贸易规则的重构过程中，一些新的更为严厉的国际标准不断涌现，例如在各大区域自贸协定中，强调了更严格的原产地规则、更大的知识产权保护范围和更严格的知识产权保护措施、更明确的服务业开放承诺、更明晰的数字贸易规则。同时，劳工和环保条款在国际经贸规则制定中的地位也日益重要，推崇"竞争中立"原则的竞争政策等。这一态势目前正在改变着既有国际贸易规则并日益影响着国际贸易格局，并有可能形成未来国际贸易规则的变革趋势。

（四）聚焦新兴产业及关键技术的国际标准制定

目前，以智能制造业、区块链、人工智能等为代表的新兴产业和关键技术发展迅速，但发达国家的技术研发和专利布局尚未完成，全球性的技术标准尚在形成中。而聚焦这些新兴产业国际标准的制定是为了占领市场竞争的制高点，其实质是产业利益的分配和产业链的分工。

1. 智能制造国际标准的制定

当前大热的德国"工业 4.0"、美国"重振制造业战略"、日本"制造业再兴战略"等，无一不表明各国政府重新认识到制造业的重要性。与当初"工业化"不同的是，"再工业化"的着眼点是先进制造技术，瞄准的是高端制造，谋求的是产业结构高级化。在此过程中，需要大量观念的转变和技术的发展，而这些观念和技术在工程实践中的实现，则依赖于基于协商一致的标准做必要支撑。智能制造中需要实现跨领域、跨层次、跨全生命周期的前所未有程度的系统集成，而国际标准正好能够保障应用间的互操作性，通过统一的安全规范保护环境、工厂、设备和用户，提供产品开发的最先进指导，通过标准化的术语和定义协调所有相关方面的信息交互，也能建立制造商和用户的信心，并对投资提供必要保障。因此，标准化工作对于智能制造的实现而言至关重要。

2. 区块链国际标准的制定

比特币的出现，数字货币的崛起，使区块链这一技术在世界范围内迅速传播和发展。简单地说，区块链是一种按照时间顺序将数据区块以顺序相连的方式组合成的一种链式数据结构，通过密码学方式保证其不可篡改和不可伪造，具有去中心化、开放性、匿名性等特征。自 2017 年以来的 3 年间，全球对区块链的创业资本投入已超过 14 亿美元，目前已有超过 2500 项专利，应用解决方案涵盖资产交易、云存储、数据身份管理、医疗数据管理等方面。区块链国际标准的制定，不仅关乎未来行业的顶层设计，更关乎未来区块链标准国际化的主动权。2016 年 9 月，1SO 设立了区块链和分布式记账技术标准化技术委员会（1SO/TC 307），澳大利亚标准学会为秘书处承担单位。1SO/TC 307 设立了基础、智能合约及安全、隐私和身份认证 3 个工作组，同时设立了软件测试用例、互操作和治理 3 个研究组。术语、参考架构、分类和本体等 10 项国际标准已完成立项并进入研制阶段。国际标准的制定，将会有效打通不同国家、行业和系统之间的认知和技术屏障，防范应用风险，为全球区块链产业发展提供重要的标准化依据。

3. 人工智能国际标准制定

作为新一轮产业变革的核心驱动力，人工智能在催生新技术、新产品的同时，对传统行业也具备较强的赋能作用，能够引发经济结构的重大变革，实现社会生产力的整体跃升。人工智能作为一项引领未来的战略性技术，世界发达国家纷纷在新一轮国际竞争中争取主导权，围绕人工智能出台规划和政策，制定标准规范。

标准化工作对人工智能机器发展具有基础性、支撑性、引领性的作用，是推动产业创新发展的关键。人工智能属于新兴领域，发展方兴未艾，从世界范围来看，其标准化工作仍在起步过程中，尚未形成完善的标准体系，只要瞄准机会，快速布局，就有可能抢占标准创新的制高点。因此，各国需要把握机遇，加快对人工智能技术及产业发展的研究，系统梳理并加快研制人工智能领域的标准体系，明确标准之间的依存性和制约关系，建立统一完善的国际标准体系。

（五）积极推动标准数字化转型

通常而言，标准是以人员为使用对象，因此，大多数标准是以人员阅读为目标。随着全球化制造和数字化转型升级，对标准的形式、活动、内容和应用提出了新的挑战，要求新的标准形式能够便于标准直接在机器中进行信息传递，实现标准的机器可读、可用、可解析、可执行。标准数字化转型不仅将促进标准化工作本身的高效、透明、协同、智能，还将在推进新兴技术健康有序发展中发挥指导、规范、引领和保障的积极作用。标准数字化转型已成为国际标准化工作的热点议题及发展方向。

1. IEC 数字化转型工作

IEC 经研究确立了关于数字化转型的愿景：IEC 是以知识为基础的国际组织，为全球相关标准及合格评定活动提供数字化平台、数字化产品和服务。

目前，IEC 在数字化转型方面主要开展了以下几方面的工作：

（1）理事局（CB）：战略目标中提出了开展标准数字化工作；

（2）市场战略局（MSB）：发布《语义互操作性：数字化转型时代的挑战》白皮书；

（3）标准管理局（SMB）：2020 年重启 SG 12 数字化转型战略组，工作内容包括数字化工作、机器可读标准、语义互操作、系统方法等；

（4）已建立数据库型式标准平台，可在线制定、发布、维护、下载；

（5）对部分 TC 进行调研；

（6）工业自动化、电力等领域 TC/SC 已开展机器可读相关标准的制定。

2. ISO 数字化转型工作

《ISO 战略（2030）》中提出数字技术是 ISO 改变的驱动因素之一，需通过创新满足使用者需求，转变标准编排格式和交付内容的方式。ISO 的标准数字化工作可以划分为两个阶段：第一阶段为改进其出版系统，提出标准标签集（STS）；第二阶段从 2017 年开始，提出 SMART（Standard Machine Applicable, Readable, Transferable）standards，即标准机器可读、可用、可解释。

目前，ISO 在数字化转型方面主要积极开展了以下工作：

（1）技术管理局（TMB）：2018 年成立 SAG MRS 机器可读标准战略咨询小组；

（2）发布机器可读标准实施路线图，并建议纳入《ISO 战略（2030）》；

（3）已建立在线浏览平台，可检索符号、编码、术语、定义等；

（4）对部分 TC 进行调研；

（5）识别试点项目：地理字典、脚本转换系统编码、日历系统编码、标准文件元数据、产品属性数据库（eCl@ss）。

（六）国际上制定标准的组织呈现多种类型

随着世界经济和社会的发展，制定和发布标准的国际组织和区域组织越来越多，据统计，目前世界上大约有 300 多个国际组织和区域组织在制定和发布标准及技术规则。国际上制定标准的组织主要有以下几种类型：

1. 国际标准化机构

ISO、IEC 和 ITU 三大国际标准组织是开展国际标准化活动最为活跃、制定和发布标准及技术规则数量最多、在国际上影响最大的标准制定机构，是开展国际标准化活动的主体。

除了 ISO、IEC 和 ITU，国际法制计量组织（OIML）、国际计量局（BIPM）、国际食品法典委员会（CAC）、联合国欧洲经济委员会（UNECE）等国际组织，也是相关领域国际标准的制定机构。

2. 区域标准化机构

这类组织主要针对所属地区就共同标准或标准协调的需要开展标准化活动，例如东盟标准与质量咨询委员会（ACCSQ）、阿拉伯工业发展与矿业组织（AIDMO）、非洲标准化组织（ARSO）、欧洲标准化委员会（CEN）、泛美技术标准委员会（COPANT）、欧亚标准化、计量与认证委员会（EASC）及太平洋地区标准大会（PASC）等。

3. 学（协）会标准化机构

这类组织一般都起源于某一个或某几个国家的行业标准组织，为某个业务领域开展标准化工作的行业机构、学术团体等，有些学（协）会标准化机构在后来的发展过程中逐步涉猎更广泛的领域，其标准使用范围也逐步从本国扩展到其他国家，其制定的标准也在世界范围内被广泛接受和使用，其中知名度较高的有如下几个学（协）会。

1）美国电气电子工程师学会（IEEE）

IEEE 于 1963 年由美国电气工程师学会（AIEE）和美国无线电工程师学会（IRE）合并而成，是美国规模最大的专业学会，也是目前国际上最大的非营利性专业技术学会。会员人数超过 40 万人，遍布 160 多个国家。IEEE 主要从事电气、电子、计算机工程和与科学有关领域的开发和研究，在太空、计算机、电信、生物医学、电力及消费性电子产品等领域已经制定了 1300 多项现行工业标准。总部设在美国纽约。

2）美国材料与试验协会（ASTM）

ASTM 成立于 1898 年，主要制定材料、产品、系统和服务等领域的特性和性能标准、试验方法和程序标准，促进有关知识的发展和推广。ASTM 的会员已近 34000 个，其中约 4000 个来自美国以外的上百个国家。总部设在美国费城。ASTM 标准大部分被ANSI 采用。

3）欧洲民航设备组织（EUROCAE）

EUROCAE 是专门制定民用航空电子设备技术规范的协会组织，由欧洲及其他地区的航空利益相关方组成的非营利组织，成员主要包括制造商（飞机、机载设备、空管系统和地面设备）、服务供应商、部分国家和国际航空当局及用户（航空公司、机场和运营人），主要聚焦于航空领域的技术标准制定。

4）第三代合作伙伴计划（3GPP）

3GPP 成立于 1998 年 12 月，当时，多个电信标准组织共同签署了《第三代合作伙伴计划协议》，最初的工作范围是为第三代移动通信系统制定全球适用的技术规范和技术报告，现在 3GPP 的工作范围又增加了对 UTRA 长期演进系统的研究和标准制定。3GPP 有 3 类会员：组织伙伴、市场代表伙伴和个体会员。目前，3GPP 的会员包括了欧洲的 ETSI、美国的 ATIS 等 7 个组织伙伴，TD-SCDMA 产业联盟（TDIA）、TD-SCDMA 论坛等 13 个市场代表伙伴，个体会员超过 550 个。

第二节　国际标准化战略

一、我国《国家标准化发展纲要》

2021 年 10 月，中共中央、国务院印发了《国家标准化发展纲要》，主要内容如下：

标准是经济活动和社会发展的技术支撑，是国家基础性制度的重要方面。标准化在推进国家治理体系和治理能力现代化中发挥着基础性、引领性作用。新时代推动高质量发展、全面建设社会主义现代化国家，迫切需要进一步加强标准化工作。为统筹推进标准化

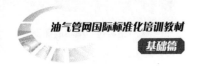

发展，制定本纲要。

（一）总体要求

1. 指导思想

以习近平新时代中国特色社会主义思想为指导，深入贯彻党的十九大和十九届二中、三中、四中、五中全会精神，按照统筹推进"五位一体"总体布局和协调推进"四个全面"战略布局要求，坚持以人民为中心的发展思想，立足新发展阶段、贯彻新发展理念、构建新发展格局，优化标准化治理结构，增强标准化治理效能，提升标准国际化水平，加快构建推动高质量发展的标准体系，助力高技术创新，促进高水平开放，引领高质量发展，为全面建成社会主义现代化强国、实现中华民族伟大复兴的中国梦提供有力支撑。

2. 发展目标

到 2025 年，实现标准供给由政府主导向政府与市场并重转变，标准运用由产业与贸易为主向经济社会全域转变，标准化工作由国内驱动向国内国际相互促进转变，标准化发展由数量规模型向质量效益型转变。标准化更加有效推动国家综合竞争力提升，促进经济社会高质量发展，在构建新发展格局中发挥更大作用。

（1）全域标准化深度发展。农业、工业、服务业和社会事业等领域标准全覆盖，新兴产业标准地位凸显，健康、安全、环境标准支撑有力，农业标准化生产普及率稳步提升，推动高质量发展的标准体系基本建成。

（2）标准化水平大幅提升。共性关键技术和应用类科技计划项目形成标准研究成果的比率达到 50% 以上，政府颁布标准与市场自主制定标准结构更加优化，国家标准平均制定周期缩短至 18 个月以内，标准数字化程度不断提高，标准化的经济效益、社会效益、质量效益、生态效益充分显现。

（3）标准化开放程度显著增强。标准化国际合作深入拓展，互利共赢的国际标准化合作伙伴关系更加密切，标准化人员往来和技术合作日益加强，标准信息更大范围实现互联共享，我国标准制定透明度和国际化环境持续优化，国家标准与国际标准关键技术指标的一致性程度大幅提升，国际标准转化率达到 85% 以上。

（4）标准化发展基础更加牢固。建成一批国际一流的综合性、专业性标准化研究机构，若干国家级质量标准实验室，50 个以上国家技术标准创新基地，形成标准、计量、认证认可、检验检测一体化运行的国家质量基础设施体系，标准化服务业基本适应经济社会发展需要。

到 2035 年，结构优化、先进合理、国际兼容的标准体系更加健全，具有中国特色的标准化管理体制更加完善，市场驱动、政府引导、企业为主、社会参与、开放融合的标准化工作格局全面形成。

（二）推动标准化与科技创新互动发展

（1）加强关键技术领域标准研究。在人工智能、量子信息、生物技术等领域，开展标准化研究。在两化融合、新一代信息技术、大数据、区块链、卫生健康、新能源、新材料等应用前景广阔的技术领域，同步部署技术研发、标准研制与产业推广，加快新技术产业化步伐。研究制定智能船舶、高铁、新能源汽车、智能网联汽车和机器人等领域关键技术标准，推动产业变革。适时制定和完善生物医学研究、分子育种、无人驾驶等领域技术安全相关标准，提升技术领域安全风险管理水平。

（2）以科技创新提升标准水平。建立重大科技项目与标准化工作联动机制，将标准作为科技计划的重要产出，强化标准核心技术指标研究，重点支持基础通用、产业共性、新兴产业和融合技术等领域标准研制。及时将先进适用科技创新成果融入标准，提升标准水平。对符合条件的重要技术标准按规定给予奖励，激发全社会标准化创新活力。

（3）健全科技成果转化为标准的机制。完善科技成果转化为标准的评价机制和服务体系，推进技术经理人、科技成果评价服务等标准化工作。完善标准必要专利制度，加强标准制定过程中的知识产权保护，促进创新成果产业化应用。完善国家标准化技术文件制度，拓宽科技成果标准化渠道。将标准研制融入共性技术平台建设，缩短新技术、新工艺、新材料、新方法标准研制周期，加快成果转化应用步伐。

（三）提升产业标准化水平

（1）筑牢产业发展基础。加强核心基础零部件（元器件）、先进基础工艺、关键基础材料与产业技术基础标准建设，加大基础通用标准研制应用力度。开展数据库等方面标准攻关，提升标准设计水平，制定安全可靠、国际先进的通用技术标准。

（2）推进产业优化升级。实施高端装备制造标准化强基工程，健全智能制造、绿色制造、服务型制造标准，形成产业优化升级的标准群，部分领域关键标准适度领先于产业发展平均水平。完善扩大内需方面的标准，不断提升消费品标准和质量水平，全面促进消费。推进服务业标准化、品牌化建设，健全服务业标准，重点加强食品冷链、现代物流、电子商务、物品编码、批发零售、房地产服务等领域标准化。健全和推广金融领域科技、产品、服务与基础设施等标准，有效防范化解金融风险。加快先进制造业和现代服务业融合发展标准化建设，推行跨行业跨领域综合标准化。建立健全大数据与产业融合标准，推进数字产业化和产业数字化。

（3）引领新产品新业态新模式快速健康发展。实施新产业标准化领航工程，开展新兴产业、未来产业标准化研究，制定一批应用带动的新标准，培育发展新业态新模式。围绕食品、医疗、应急、交通、水利、能源、金融等领域智慧化转型需求，加快完善相关标准。建立数据资源产权、交易流通、跨境传输和安全保护等标准规范，推动平台经济、共享经济标准化建设，支撑数字经济发展。健全依据标准实施科学有效监管机制，鼓励社会组织应用标准化手段加强自律、维护市场秩序。

（4）增强产业链供应链稳定性和产业综合竞争力。围绕生产、分配、流通、消费，加快关键环节、关键领域、关键产品的技术攻关和标准研制应用，提升产业核心竞争力。发挥关键技术标准在产业协同、技术协作中的纽带和驱动作用，实施标准化助力重点产业稳链工程，促进产业链上下游标准有效衔接，提升产业链供应链现代化水平。

（5）助推新型基础设施提质增效。实施新型基础设施标准化专项行动，加快推进通信网络基础设施、新技术基础设施、算力基础设施等信息基础设施系列标准研制，协同推进融合基础设施标准研制，建立工业互联网标准，制定支撑科学研究、技术研发、产品研制的创新基础设施标准，促进传统基础设施转型升级。

（四）完善绿色发展标准化保障

（1）建立健全碳达峰、碳中和标准。加快节能标准更新升级，抓紧修订一批能耗限额、产品设备能效强制性国家标准，提升重点产品能耗限额要求，扩大能耗限额标准覆盖范围，完善能源核算、检测认证、评估、审计等配套标准。加快完善地区、行业、企业、产品等碳排放核查核算标准。制定重点行业和产品温室气体排放标准，完善低碳产品标准标识制度。完善可再生能源标准，研究制定生态碳汇、碳捕集利用与封存标准。实施碳达峰、碳中和标准化提升工程。

（2）持续优化生态系统建设和保护标准。不断完善生态环境质量和生态环境风险管控标准，持续改善生态环境质量。进一步完善污染防治标准，健全污染物排放、监管及防治标准，筑牢污染排放控制底线。统筹完善应对气候变化标准，制定修订应对气候变化减缓、适应、监测评估等标准。制定山水林田湖草沙多生态系统质量与经营利用标准，加快研究制定水土流失综合防治、生态保护修复、生态系统服务与评价、生态承载力评估、生态资源评价与监测、生物多样性保护及生态效益评估与生态产品价值实现等标准，增加优质生态产品供给，保障生态安全。

（3）推进自然资源节约集约利用。构建自然资源统一调查、登记、评价、评估、监测等系列标准，研究制定土地、矿产资源等自然资源节约集约开发利用标准，推进能源资源绿色勘查与开发标准化。以自然资源资产清查统计和资产核算为重点，推动自然资源资产管理体系标准化。制定统一的国土空间规划技术标准，完善资源环境承载能力和国土空间开发适宜性评价机制。制定海洋资源开发保护标准，发展海洋经济，服务陆海统筹。

（4）筑牢绿色生产标准基础。建立健全土壤质量及监测评价、农业投入品质量、适度规模养殖、循环型生态农业、农产品食品安全、监测预警等绿色农业发展标准。建立健全清洁生产标准，不断完善资源循环利用、产品绿色设计、绿色包装和绿色供应链、产业废弃物综合利用等标准。建立健全绿色金融、生态旅游等绿色发展标准。建立绿色建造标准，完善绿色建筑设计、施工、运维、管理标准。建立覆盖各类绿色生活设施的绿色社区、村庄建设标准。

（5）强化绿色消费标准引领。完善绿色产品标准，建立绿色产品分类和评价标准，规范绿色产品、有机产品标识。构建节能节水、绿色采购、垃圾分类、制止餐饮浪费、绿色出行、绿色居住等绿色生活标准。分类建立绿色公共机构评价标准，合理制定消耗定额和垃圾排放指标。

（五）加快城乡建设和社会建设标准化进程

（1）推进乡村振兴标准化建设。强化标准引领，实施乡村振兴标准化行动。加强高标准农田建设，加快智慧农业标准研制，加快健全现代农业全产业链标准，加强数字乡村标准化建设，建立农业农村标准化服务与推广平台，推进地方特色产业标准化。完善乡村建设及评价标准，以农村环境监测与评价、村容村貌提升、农房建设、农村生活垃圾与污水治理、农村卫生厕所建设改造、公共基础设施建设等为重点，加快推进农村人居环境改善标准化工作。推进度假休闲、乡村旅游、民宿经济、传统村落保护利用等标准化建设，促进农村一二三产业融合发展。

（2）推动新型城镇化标准化建设。研究制定公共资源配置标准，建立县城建设标准、小城镇公共设施建设标准。研究制定城市体检评估标准，健全城镇人居环境建设与质量评价标准。完善城市生态修复与功能完善、城市信息模型平台、建设工程防灾、更新改造及海绵城市建设等标准。推进城市设计、城市历史文化保护传承与风貌塑造、老旧小区改造等标准化建设，健全街区和公共设施配建标准。建立智能化城市基础设施建设、运行、管理、服务等系列标准，制定城市休闲慢行系统和综合管理服务等标准，研究制定新一代信息技术在城市基础设施规划建设、城市管理、应急处置等方面的应用标准。健全住房标准，完善房地产信息数据、物业服务等标准。推动智能建造标准化，完善建筑信息模型技术、施工现场监控等标准。开展城市标准化行动，健全智慧城市标准，推进城市可持续发展。

（3）推动行政管理和社会治理标准化建设。探索开展行政管理标准建设和应用试点，重点推进行政审批、政务服务、政务公开、财政支出、智慧监管、法庭科学、审判执行、法律服务、公共资源交易等标准制定与推广，加快数字社会、数字政府、营商环境标准化建设，完善市场要素交易标准，促进高标准市场体系建设。强化信用信息采集与使用、数据安全和个人信息保护、网络安全保障体系和能力建设等领域标准的制定实施。围绕乡村治理、综治中心、网格化管理，开展社会治理标准化行动，推动社会治理标准化创新。

（4）加强公共安全标准化工作。坚持人民至上、生命至上，实施公共安全标准化筑底工程，完善社会治安、刑事执法、反恐处突、交通运输、安全生产、应急管理、防灾减灾救灾标准，织密筑牢食品、药品、农药、粮食能源、水资源、生物、物资储备、产品质量、特种设备、劳动防护、消防、矿山、建筑、网络等领域安全标准网，提升洪涝干旱、森林草原火灾、地质灾害、地震等自然灾害防御工程标准，加强重大工程和各类基础设施的数据共享标准建设，提高保障人民群众生命财产安全水平。加快推进重大疫情防控救治、国家应急救援等领域标准建设，抓紧完善国家重大安全风险应急保障标准。构建多部门多区域多系统快速联动、统一高效的公共安全标准化协同机制，推进重大标准制定实施。

（5）推进基本公共服务标准化建设。围绕幼有所育、学有所教、劳有所得、病有所医、老有所养、住有所居、弱有所扶等方面，实施基本公共服务标准体系建设工程，重点健全和推广全国统一的社会保险经办服务、劳动用工指导和就业创业服务、社会工作、养老服务、儿童福利、残疾人服务、社会救助、殡葬公共服务以及公共教育、公共文化体育、住房保障等领域技术标准，使发展成果更多更公平惠及全体人民。

（6）提升保障生活品质的标准水平。围绕普及健康生活、优化健康服务、倡导健康饮食、完善健康保障、建设健康环境、发展健康产业等方面，建立广覆盖、全方位的健康标准。制定公共体育设施、全民健身、训练竞赛、健身指导、线上和智能赛事等标准，建立科学完备、门类齐全的体育标准。开展养老和家政服务标准化专项行动，完善职业教育、智慧社区、社区服务等标准，加强慈善领域标准化建设。加快广播电视和网络视听内容融合生产、网络智慧传播、终端智能接收、安全智慧保障等标准化建设，建立全媒体传播标准。提高文化旅游产品与服务、消费保障、公园建设、景区管理等标准化水平。

（六）提升标准化对外开放水平

（1）深化标准化交流合作。履行国际标准组织成员国责任义务，积极参与国际标准化活动。积极推进与共建"一带一路"国家在标准领域的对接合作，加强金砖国家、亚太经合组织等标准化对话，深化东北亚、亚太、泛美、欧洲、非洲等区域标准化合作，推进标准信息共享与服务，发展互利共赢的标准化合作伙伴关系。联合国际标准组织成员，推动气候变化、可持续城市和社区、清洁饮水与卫生设施、动植物卫生、绿色金融、数字领域等国际标准制定，分享我国标准化经验，积极参与民生福祉、性别平等、优质教育等国际标准化活动，助力联合国可持续发展目标实现。支持发展中国家提升利用标准化实现可持续发展的能力。

（2）强化贸易便利化标准支撑。持续开展重点领域标准比对分析，积极采用国际标准，大力推进中外标准互认，提高我国标准与国际标准的一致性程度。推出中国标准多语种版本，加快大宗贸易商品、对外承包工程等中国标准外文版编译。研究制定服务贸易标准，完善数字金融、国际贸易单一窗口等标准。促进内外贸质量标准、检验检疫、认证认可等相衔接，推进同线同标同质。创新标准化工作机制，支撑构建面向全球的高标准自由贸易区网络。

（3）推动国内国际标准化协同发展。统筹推进标准化与科技、产业、金融对外交流合作，促进政策、规则、标准联通。建立政府引导、企业主体、产学研联动的国际标准化工作机制。实施标准国际化跃升工程，推进中国标准与国际标准体系兼容。推动标准制度型开放，保障外商投资企业依法参与标准制定。支持企业、社会团体、科研机构等积极参与各类国际性专业标准组织。支持国际性专业标准组织来华落驻。

（七）推动标准化改革创新

（1）优化标准供给结构。充分释放市场主体标准化活力，优化政府颁布标准与市场自主制定标准二元结构，大幅提升市场自主制定标准的比重。大力发展团体标准，实施团体标准培优计划，推进团体标准应用示范，充分发挥技术优势企业作用，引导社会团体制定原创性、高质量标准。加快建设协调统一的强制性国家标准，筑牢保障人身健康和生命财产安全、生态环境安全的底线。同步推进推荐性国家标准、行业标准和地方标准改革，强化推荐性标准的协调配套，防止地方保护和行业垄断。建立健全政府颁布标准采信市场自主制定标准的机制。

（2）深化标准化运行机制创新。建立标准创新型企业制度和标准融资增信制度，鼓励企业构建技术、专利、标准联动创新体系，支持领军企业联合科研机构、中小企业等建立标准合作机制，实施企业标准领跑者制度。建立国家统筹的区域标准化工作机制，将区域发展标准需求纳入国家标准体系建设，实现区域内标准发展规划、技术规则相互协同，服务国家重大区域战略实施。持续优化标准制定流程和平台、工具，健全企业、消费者等相关方参与标准制定修订的机制，加快标准升级迭代，提高标准质量水平。

（3）促进标准与国家质量基础设施融合发展。以标准为牵引，统筹布局国家质量基础设施资源，推进国家质量基础设施统一建设、统一管理，健全国家质量基础设施一体化发展体制机制。强化标准在计量量子化、检验检测智能化、认证市场化、认可全球化中的作用，通过人工智能、大数据、区块链等新一代信息技术的综合应用，完善质量治理，促进质量提升。强化国家质量基础设施全链条技术方案提供，运用标准化手段推动国家质量基础设施集成服务与产业价值链深度融合。

（4）强化标准实施应用。建立法规引用标准制度、政策实施配套标准制度，在法规和政策文件制定时积极应用标准。完善认证认可、检验检测、政府采购、招投标等活动中应用先进标准机制，推进以标准为依据开展宏观调控、产业推进、行业管理、市场准入和质量监管。健全基于标准或标准条款订立、履行合同的机制。建立标准版权制度、呈缴制度和市场自主制定标准交易制度，加大标准版权保护力度。按照国家有关规定，开展标准化试点示范工作，完善对标达标工作机制，推动企业提升执行标准能力，瞄准国际先进标准提高水平。

（5）加强标准制定和实施的监督。健全覆盖政府颁布标准制定实施全过程的追溯、监督和纠错机制，实现标准研制、实施和信息反馈闭环管理。开展标准质量和标准实施第三方评估，加强标准复审和维护更新。健全团体标准化良好行为评价机制。强化行业自律和社会监督，发挥市场对团体标准的优胜劣汰作用。有效实施企业标准自我声明公开和监督制度，将企业产品和服务符合标准情况纳入社会信用体系建设。建立标准实施举报、投诉机制，鼓励社会公众对标准实施情况进行监督。

（八）夯实标准化发展基础

（1）提升标准化技术支撑水平。加强标准化理论和应用研究，构建以国家级综合标准化研究机构为龙头，行业、区域和地方标准化研究机构为骨干的标准化科技体系。发挥优势企业在标准化科技体系中的作用。完善专业标准化技术组织体系，健全跨领域工作机制，提升开放性和透明度。建设若干国家级质量标准实验室、国家标准验证点和国家产品质量检验检测中心。有效整合标准技术、检测认证、知识产权、标准样品等资源，推进国家技术标准创新基地建设。建设国家数字标准馆和全国统一协调、分工负责的标准化公共服务平台。发展机器可读标准、开源标准，推动标准化工作向数字化、网络化、智能化转型。

（2）大力发展标准化服务业。完善促进标准、计量、认证认可、检验检测等标准化相关高技术服务业发展的政策措施，培育壮大标准化服务业市场主体，鼓励有条件地区探索建立标准化服务业产业集聚区，健全标准化服务评价机制和标准化服务业统计分析报告制度。鼓励标准化服务机构面向中小微企业实际需求，整合上下游资源，提供标准化整体解决方案。大力发展新型标准化服务工具和模式，提升服务专业化水平。

（3）加强标准化人才队伍建设。将标准化纳入普通高等教育、职业教育和继续教育，开展专业与标准化教育融合试点。构建多层次从业人员培养培训体系，开展标准化专业人才培养培训和国家质量基础设施综合教育。建立健全标准化领域人才的职业能力评价和激励机制。造就一支熟练掌握国际规则、精通专业技术的职业化人才队伍。提升科研人员标准化能力，充分发挥标准化专家在国家科技决策咨询中的作用，建设国家标准化高端智库。加强基层标准化管理人员队伍建设，支持西部地区标准化专业人才队伍建设。

（4）营造标准化良好社会环境。充分利用世界标准日等主题活动，宣传标准化作用，普及标准化理念、知识和方法，提升全社会标准化意识，推动标准化成为政府管理、社会治理、法人治理的重要工具。充分发挥标准化社会团体的桥梁和纽带作用，全方位、多渠道开展标准化宣传，讲好标准化故事。大力培育发展标准化文化。

二、国际标准化组织《ISO 战略 2030》

2021 年 2 月 23 日，国际标准化组织（ISO）发布《ISO 战略 2030》，以 2030 年为时间节点，制定了包括愿景、使命、目标、优先事项在内的战略框架。

ISO 的愿景：让生活更轻松、更安全、更美好，通过成员及其利益相关者把大家聚集在一起，就应对全球挑战的国际标准达成一致。

ISO 的使命：ISO 标准支持全球贸易，推动包容和公平的经济增长，推进创新，促进健康和安全，以实现可持续的未来。

ISO 的目标：ISO 标准无处不在、满足全球需要、倾听所有意见。

ISO 的优先事项：（1）展示标准的好处；（2）创新以满足用户的需求；（3）在市场需要时交付 ISO 标准；（4）抓住国际标准化的未来机遇；（5）加强 ISO 成员的能力建设；（6）提高 ISO 体系的包容性和多样性。

对于展示标准的好处，主要是通过加强宣传工作，进一步加强公众对标准积极影响的了解和 ISO 工作的价值，以鼓励广泛使用 ISO 标准并吸引专家参与制定过程。ISO 将采取的措施包括：与 ISO 成员、学术界和其他组织合作以促进标准化的研究，开发和共享国际标准影响方面的知识；收集数据，进行研究并建立案例研究，展示国际标准的影响；利用 ISO 网络积极宣传国际标准及其好处。

对于创新以满足用户的需求，主要是要考虑用户（消费者）面临的新挑战，以及如何发展标准制定过程（和标准本身）能更好地满足他们的需求。通过监测技术创新，分析和预测用户需求，改变工作方式，以确保产品和服务在市场上最具有吸引性和相关性。ISO将采取的措施包括：与ISO成员合作，系统收集和分析用户的反馈；监测广泛行业的创新和技术发展，探索其将如何影响标准化业务和用户的需求或期望；与ISO成员合作开发、测试和调配创新型产品和解决方案。

对于在市场需要时交付ISO标准，主要是强调及时性这一关键需求，在不损害标准的质量、过程的严格性并保证在制定这些标准专家的参与下，必须迅速将标准推向市场。有效地捕获并合并用户需求将是这一过程中至关重要的部分，以准确地了解市场何时需要一项标准、必须包括的内容，以及最有效的制定方法。ISO将采取的措施包括：与ISO成员合作收集对市场需求的见解，并将其转化为国际标准；对培训和技术进行投资，以改进和简化标准的制定和颁布过程，从而确保及时性和质量；维护一系列标准产品，以满足整个市场需求（包括快速发布）。

对于抓住国际标准化的未来机遇，主要是要预测市场需求和挑战并分析现在和未来在哪些领域能够产生最大影响，ISO将通过合作监测全球趋势和挑战，探索标准在未来的作用并共享相关知识和见解，以确认新的或不断变化的需求。ISO将采取的措施包括：协调和促进ISO体系内的战略性预见活动；促进ISO网络之间围绕潜在的新标准化机会进行更多的对话和合作；在ISO体系内探索监测、测试或开发潜在新标准化主题的途径。

对于加强ISO成员的能力建设，主要是通过为所有成员提供能力建设支持，以确保优势的共享和建立。ISO将采取的措施包括：与成员合作提高他们的参与度，并确保他们最大限度地利用ISO网络提供的好处；提供培训和支持，以加强成员的技能和基础设施，使他们能够充分参与ISO标准的制定和管理；促进ISO网络内的知识传播，特别是增加成员之间的交流和合作。

对于提高ISO体系的包容性和多样性，主要是要积极倾听各方意见以确保标准满足全球需要，将致力于建立和维持一种包容性的组织文化，通过促进接受和尊重，增强人们的能力，使多样性得以蓬勃发展。ISO将采取的措施包括：利用技术促进所有利益相关者、标准用户和受益者参与ISO标准制定；与ISO成员一起推动文化变革，使所有ISO利益相关者围绕多样性和包容性参与，并鼓励代表性不足的群体广泛参与ISO标准的制定和管理；与成员合作，扩大利益相关者的参与，努力建立伙伴关系，为国际标准化吸引新的意见和不同的观点。

三、欧洲标准化《战略2030》

2021年2月1日，欧洲标准化委员会（CEN）和欧洲电工标准化委员会（CENELEC）发布了新版欧洲标准化战略——《战略2030》，并指出"这份高水平、前瞻性的文件将有助于引导和塑造未来十年两大欧洲标准化组织及其涵盖34个欧洲国家44个

成员的工作"。

《战略 2030》的制定实施更是在未来世界快速变化、多因素驱动的大背景之下，立足于推动欧洲标准化更好地应对广泛挑战并把握其中可能的机遇。欧洲是当今世界经济和政治格局中的重要一极，欧洲标准化战略布局及其对未来标准化发展形势的判断，对我国制定实施标准化战略具有重要借鉴意义，有必要对其标准化战略动态加以关注和深入研究。

新的机遇与挑战驱动着欧洲标准化战略做出应对，《战略 2030》的篇章结构变得更加完善，内容得到了全面细化。

（1）明晰了战略实施主体的范围和战略时限。指出《战略 2030》是 CEN 和 CENELEC 共同的战略，着重强调了《战略 2030》作为整个欧洲标准化体系所遵循的战略框架，并提供了一致的战略目标和重点，强化了两大组织及其成员作为共同体的属性。在战略时限上，从原来的 7 年扩展为 10 年。明确数字化与绿色两大转型的战略环境。明确战略实施即将面临的大环境，才能为战略的制定实施提供具体指向。《战略 2030》在战略环境部分指出，未来数十年欧洲标准化战略的经济和政治环境是基于两大相互交叉、相互增强的驱动性因素来塑造的，即数字化转型和绿色转型。

（2）提出战略愿景与使命。战略愿景是通过欧洲和国际标准化，建设一个更安全、更可持续和更具竞争力的欧洲。战略使命是通过两大组织及其成员的利益相关方网络，创建基于共识的标准，以赢得信任、满足市场要求、促进市场准入和创新，从而建立一个更好、更安全、更可持续的欧洲。

（3）战略目标更加充实和具体。① 强调了欧洲标准化体系对于欧盟和欧洲自由贸易联盟的战略价值。② 标准化活动的结果、过程和模式都得顺应数字化转型趋势。③ 提高对 CEN 和 CENELEC 交付成果的使用和认识。④ CEN 和 CENELEC 认识到便利、包容和有效的标准化体系，是能够迅速和持续应对不断变化的市场和满足利益相关方需求的关键。⑤ 通过加强欧洲在 ISO、IEC 中的影响以及以标准化促进全球可持续发展，确保欧洲在国际层面的领导力和雄心。

总体上来讲，欧洲标准化战略具有以下几点特征：

（1）欧洲标准化战略与欧盟层面的重大战略与政策的结合更加紧密。

（2）数字化转型与绿色转型两大趋势是把握欧洲标准化战略重要变动的核心因素。

（3）欧洲标准化战略持续强化 ISO、IEC 作为欧洲开展国际标准化活动的主要平台和发挥欧洲影响的渠道。

四、美国标准化战略（USSS 2020）

《美国标准战略》以 5 年为周期，布局和规划美国每阶段的标准化战略目标和工作重点。2021 年 1 月 6 日，美国国家标准协会（ANSI）正式发布 2020 年美国标准化战略（USSS 2020）。USSS 2020 正式版在征求意见版的基础上又更新了诸多内容，新增了 12 条标准化战略举措，更新了战略行动指令，利用标准参与全球变革的意图十分明显。

如今，标准对于美国史无前例的重要。自 20 年前《美国标准化战略》实施以来，标准环境已经发生了变化，但自愿性共识标准仍然是美国经济、关键基础设施及公共健康与安全的基础。在当今全球经济竞争激烈的环境中，《美国标准化战略》绘制了美国标准体系的未来蓝图。

（一）战略行动

（1）通过公私伙伴关系加强各级政府参与制定和使用自愿性共识标准。

（2）在制定自愿性共识标准时，继续关注环保、健康、安全和可持续性。

（3）提高标准体系对消费者利益的响应能力。

（4）在标准制定过程中积极促进国际公认原则在全球范围内的一致应用。

（5）鼓励各国政府采用自愿性共识标准作为监管工具。

（6）努力防止标准及其应用成为美国产品和服务的技术贸易壁垒。

（7）加强国际推广计划，增进全球对美国标准使企业、消费者和整个社会受益的理解。

（8）继续改进标准制定程序，推动及时、有效地制定和颁发自愿性共识标准。

（9）提升标准活动的合作与连贯性。

（10）通过建设各个社区之间的标准化意识和能力，提升和鼓励使用具备标准知识的劳动力。

（11）尊重美国标准体系的多元投入模式。

（12）在支持新兴国家解决优先事项时，重视标准的作用。

（二）战略愿景

表 5-1　USSS 2020 的战略愿景

全球范围内	美国国内
（1）制定国际标准的全球公认原则被普遍采用； （2）世界各国政府都参与标准制定，并在制定法规和采购时尽可能依靠自愿性共识标准，而非制定其他法规要求； （3）多元化、包容性的标准体系应为全球挑战和优先事项提供灵活的解决方案，并促进国际贸易和市场准入； （4）数字化工具可有效地用于优化全球标准，并促进标准在全球经济中的传播； （5）各类代表美国向国际、政府和非政府组织提供服务的机构，在适当的情况下利用治理项目和技术项目在国际上推广《美国标准化战略》	（1）所有感兴趣和受影响的利益相关方参与制定基于标准的解决方案，促进和增强美国的全球竞争力； （2）美国所有的利益相关方共同努力，消除重复和重叠的标准； （3）标准的价值得到公共和私营部门领导者的认可，并建立多元和稳定的筹资机制； （4）美国标准体系迅速而负责任地提供满足国家和国际需求的标准

（三）USSS 2020 的最新变化

1. 增强政府对标准化活动的参与程度

美国的标准体系基本由自愿性标准组成，这些自愿性标准一般由行业协会、专业学会等机构制定。例如 ASTM 国际标准组织、美国保险商实验室（UL）、电气和电子工程师学会（IEEE）、美国机械工程师协会（ASME）等，都是具有国际影响力的专业性标准组织，在不同的专业领域开展标准化活动。而 ANSI 会通过提供程序文件将部分专业性标准组织认可为美国国家标准制定组织（ASD），并将其制定且符合条件的自愿性标准批准为美国国家标准（ANS）。

通常情况下，美国政府在标准化活动中更多的是在扮演协调者与使用者。但是，这并不意味着美国政府不重视对自愿性标准制定的参与。无论是 2015 年版战略还是 2020 年版战略，都将加强政府参与自愿性标准的制定与应用列为 12 项实施措施的第 1 项。并且，在 2020 年版战略中更是进一步强调要加强各级政府在自愿性标准的制定和应用中的参与度。同时，2020 年版还在 2015 版的基础上，对政府参与制定自愿性标准措施的表述进行了扩展，指出"政府应与私营部门合作，解决与标准有关的共同需求，并尽可能积极参与标准的制定，以满足这些需求。在相关情况下，还应争取加强各部门和组织之间的协调性。"这一扩展变化，及时反映了美国政府于 2016 年 1 月出版的行政法规 OMB A-119《联邦参与制定和使用自愿协商一致标准以及参与合格评定活动》中修改增加的内容。

2. 统一国际标准的认定原则

美国标准战略一向重视国际化问题，其主要功能就是为美国如何制定标准及参与制定国际标准设立宏观层面的原则和策略。目前，美国承担国际标准化组织（以下简称"ISO"）、国际电工委员会（以下简称"IEC"）技术组织秘书处 130 个，在总体数量上名列前茅。但在国际标准的认识方面，不同于欧洲大多数国家的观点，即认为 ISO、IEC 及国际电信联盟（以下简称"ITU"）等国际标准组织制定的标准是国际标准，美国则采用了一种更为广义的认定原则，认为只要符合世界贸易组织技术性贸易壁垒委员会（以下简称"WTO/TBT 委员会"）关于国际标准制定的 6 项原则的标准就是国际标准。

为了在不产生误解的情况下，突出强调这一国际标准认定观点，2020 年版战略在 2015 年版战略的基础上，对国际标准的表述与认定原则做了进一步统一：首先，不再使用 2015 年版战略中"全球相关标准"（global relevant standards）等这些容易产生歧义的表述，而是统一使用"国际标准"这一被普遍接受的表述；其次，突出强调对《世界贸易组织贸易技术壁垒协议》（以下简称"WTO/TBT"）及 WTO/TBT 委员会关于国际标准制定的 6 项原则的遵守，删除了征求意见稿中所采用的《美墨加协定》（USMCA）中关于国际标准的认定原则，并明确表示"认定一项标准为国际标准时，除了 WTO/TBT 委员会决议中的原则外，不使用其他原则"；最后，提出"美国政府应支持国际标准体系的完整性，加强有关组织以规则为基础的程序。"

3. 细化美国标准的全球推广措施

ANSI 于 2000 年首次发布了美国标准化领域的第一份战略性文件——《美国国家标准战略》（National Standards Strategy for the United States，NSS）。2005 年，ANSI 对战略进行了修订，并将其更名为《美国标准战略》（United States Standards Strategy，USSS）。战

略名称上的变更，突出强调标准日趋表达出来的无国界特征，同时也释放出美国将在全球范围内推广美国标准的信号。这也进一步提升了美国标准化的整体性优势。如今，大量在美国注册的专业性标准组织已经具有了世界影响力，如 IEEE 等。他们制定的标准被产业界视为事实上的国际标准，已成为全球治理和经贸合作的重要依据。

为了让越来越多美国以外的标准需求者更全面地了解美国标准，更高效地参与制定美国标准，以及更方便地使用美国标准，2020 年版战略在 2015 年版战略的基础上，直接表明要推广美国标准，并进一步细化了美国标准的全球推广措施，专门要求"标准制定者要继续实施一致的程序来验证有关翻译，并促进标准在全球的快速传播"。将标准翻译的主体从标准使用方转至标准制定方，可以大幅度避免和减少因翻译而产生的误解，提高美国以外的标准需求者使用美国标准的方便程度，从而进一步提升美国标准全球推广的效率和质量。与此同时，2020 年版战略依旧强调"政府应提供财政和立法支持以在全球范围内推广标准体系原则"。

4. 推进标准化教育计划

标准化教育是标准化工作中的一项重要内容。ISO 等国际标准组织一直对标准化教育给予高度重视，编制了一系列教材，供所有成员使用。越来越多的国家也正在将标准化教育融入到传统教育体系中。这是因为，作为标准化理论与知识的主要传播路径，标准化教育能够让学习者从中受益，并有助于推动标准的制定、传播和使用。

为了更凸显标准化教育的必要性和重要性，2020 年版战略在 2015 年版战略的基础上，对标准化教育部分做了重大调整，这也是在 12 项实施措施中，调整最大的一项措施。具体变化体现为 4 点：一是将标准化教育的内涵从能力教育扩展至意识教育与能力教育，提出"标准制定者、行业、学术界、技术和贸易院校、ANSI 和政府应该合作开发新的或增强现有的标准化教育计划，以树立人们关于标准和标准化程序会对美国繁荣和人民生活质量产生价值的意识"。二是将标准化教育的目标明确为建设受过标准化教育的劳动力队伍，提出"在美国努力建设受过标准化教育的劳动力队伍应被列为优先事项"。三是将标准化教育的类型划分为：大众意识教育、青少年基础教育、高等院校专业教育、专业人员职业教育，并在不同的标准化教育类型中设置了不同的目标。四是明确了不同子措施的具体责任主体，例如 ANSI、政府部门、标准制定者、技术和贸易院校及所有利益相关方等。

（四）美国标准战略发展趋势与特征

（1）增强对标准化在美国国家发展中的重要性认识。从新版战略的变化中可以发现，美国对于标准化在国家发展中的作用认识不断清晰，标准化的重要性进一步提升。新版战略对于标准化在美国国家发展中的重要性、标准化作用的广泛程度、支撑美国标准体系的来源等，表述得更加全面。战略明确指出"即便美国标准战略的环境不断变化，但标准的作用愈发重要。美国自愿性标准不仅是美国经济的基础，而且还是美国关键基础设施安全、公共健康与安全的基础"。同时，美国公共部门与私营部门也更为全面地从"人力、资源、技术贡献和智力活力"等方面支撑美国标准体系，而这一标准体系对于"促进公共利益，提高国家健康和安全，推动创新和美国竞争力，并助力构建更加公平和自由化的全球贸易体系"具有重要作用。

（2）明晰美国对国际标准体系秩序的界定与自身作用的发挥。在 2020 年版战略制定过程中，对于国际标准的界定曾发生了多次变化，这体现了美国在对国际标准体系的秩序界定与自身作用发挥上的认识有着不同意见。最终，新版战略仍然继续坚持和强调了美国原有对于国际标准体系界定的立场，并进一步阐述了其对国际标准制定过程的理解。这些变化也可能意味着美国会在未来更加重视和巩固对 ISO、IEC 和 ITU 三大国际标准组织的参与。

（3）提升美国标准体系在应对未来挑战与科技创新时的灵活性与包容性。在 2020 年版战略的表述中，大幅增加了未来可能面临的新挑战，同时考虑到在新一轮科技革命的背景之下，科技进步与组织变革处于迅速变化中，随着时间尺度的扩展，具有极大的不确定性。因此，除了对新挑战与新方向进行了增补，如在战略文本中进一步强调可持续发展，而对具体的前沿科技领域和新兴组织形态则采取了较为笼统式的表述，这提升了 2020 年版战略的包容性和灵活性，给未来发展留下了空间。

五、日本标准化战略

日本标准化战略政策经过日本《标准化战略》《国际标准综合战略》《标准化官民战略》的演变发展，其标准化战略在与时俱进的同时，内涵也发生着巨大的转变。

（一）日本《标准化战略》

1997 年，基于日本经济衰退的大环境和通过标准化突破贸易壁垒的需求，日本工业标准调查会撰写了《未来我国国际标准化政策的思考》，提出了日本的首个标准化专项战略的雏形。2001 年，日本工业标准调查会基于之前形成的思路，按照"国家产业技术战略"和日本内阁会议确定的"科学技术基本计划"的要求，制定了日本《标准化战略》。

日本《标准化战略》提出了三大目标，分别是提高标准的市场适应性和效率性、战略性推进国际标准化活动、标准化与技术研发同步推进。战略的核心内容是加强国际标准化活动，建立适应国际标准化的标准认证工作机制，加大产业界参与国际标准化活动的力度。战略从应对各领域标准化需求、提高利益相关方对标准化活动的参与水平、提高制定标准的速度和透明度；构建标准化工作开展的良好环境、全面加强国际标准化工作、提高对标准重要性及作用的认识、加强标准化人才的培养等角度，提出了急需推进的工作任务。

日本《标准化战略》首次将国际标准化战略放在整个标准化发展战略的突出位置，将争夺国际标准话语权作为未来日本标准化工作的重点任务。同时，战略力求将标准化与其他工作进行有机结合，旨在强化官产学研在标准化工作上的协力，加速标准与技术研发、市场战略的融合，以举国体制推动日本标准水平的提升。

（二）日本《国际标准综合战略》

2006 年，日本经知识产权战略总部的审议，最终拟定了《国际标准综合战略》，成为日本国际标准化发展的纲领性、战略性文件。战略发布后历经 4 次修订，目前最新版本的修订时间为 2010 年 5 月。

《国际标准综合战略》分析了制定日本国际标准综合战略的紧迫性，明确了 2007—2015 年日本的国际标准战略思想、战略目标和战略措施。国际标准综合战略的目标为：2015 年实现标准化水平与欧美诸国比肩，推进国际标准化战略，实现国际标准提案数倍增、承担秘书处数量赶上欧美。

《国际标准综合战略》在 2001 年制定的日本《标准化战略》基础上，将其中的 27 个标准化战略重点领域扩增到 28 个。28 个重点领域明确指向对应的 ISO/IEC 的 TC 及 SC 工作，明确了日本需重点参与的 TC 国际标准化工作的现状及下一步发展战略，并对日本在国际标准化组织中的工作及担任秘书长情况进行了整理。此外，《国际标准综合战略》还强调了企业作为国际标准化的主体地位。在以强化产品竞争力为目的的标准化活动中，产业界应该作为先锋。而政府则主要负责对民间活动的支援、人才培养、公共福祉领域标准化的实施等工作。

为了实现赶超欧美的目标，《国际标准综合战略》提出了数项具体举措。一是从企业管理层抓起，提升标准化意识；二是对国际标准化工作进行重点支持；三是培养高素质、国际化的标准化专家；四是在亚太区域采取结盟战略对抗欧美；五是加速应对各国不断出现的贸易壁垒和技术法规。

（三）《标准化官民战略》

为了构建以民间为主体官民融合型标准化工作机制，经济产业省 2014 年 5 月 15 日举办了标准化官民战略会议，将标准化工作的官民合作提升到战略高度，并将官民合作的标准化方针以《标准化官民战略》的形式进行了公开，着重强调了中小企业在标准化工作中的地位与意义，该战略也是日本目前制定的最新的标准化战略。

《标准化官民战略》提出了四大重点：

（1）构建官民协作机制，旨在全面提升企业参与标准化的积极性与参与水平。通过"新市场创造型标准化制度"（如图 5-1 所示）为企业标准化提质增效，从而保证日本企业的尖端技术能够迅速制定 JIS、IEC、ISO 等标准；建立完善企业的标准化管理机制，鼓励企业设置最高标准化责任人（CSO）制度，保证企业战略性地推进标准化工作；对中小企业的标准化及认证活动进行支持，能够提升企业的积极性与标准化水平；强化标准化人才的培养，在大学中导入标准化课程，在企业中导入相关短期和长期培训，同时从基层标准化人才中选拔具有国际化视野和较好标准化素质的年轻人才参与国际标准化工作，为日本标准化工作长链条输送新鲜血液。

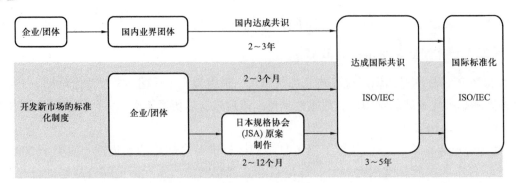

图 5-1 "新市场创造型标准化制度"对国际标准化的支撑作用

（2）提高日本认证体系的国际适用性。日本政府从日本国内企业开拓国外市场的观点出发，在具有战略意义的重点领域，有计划地扩大日本国内的认证及试验结果的应用范围，让日本国内的认证和测试结果能够逐渐达到与国际知名认证相同的公信力。战略中提到的需加速对接国际认证体系的重点领域分别是兆瓦级别的蓄电池系统和动力调节器、生活辅助机器人、控制系统安全性、LED 照明器械、再生医疗等。

（3）强化与亚洲各国的标准化合作。日本为了迎合国际的节能趋势，意图积极参与亚洲各国的标准制定和认证体系的构建，让日本标准飞速对接迅速发展的东南亚国家的市场准入要求，进而迅速抢占东南亚市场。近年来，日本已经与越南、印尼和泰国等国家签订双边标准化合作协议，以参与新兴国家的标准制定、各国标准化的协调和认证体系的构建，确保日本产品的优势得以发挥。日本与我国的标准化合作领域主要在太阳能电池、绿色建材、生物二甲醚（DME）、LED、人工关节、生体认证、小型卫星及涡轮等领域。同时，和东盟诸国及韩国也有很多标准化合作工作，并在节能冰箱、节能空调耗电量的评价方法及绿色建材的评价方法等领域取得了很好的标准化合作成果。

（4）构筑该战略的跟进体制。主要是在"标准化官民战略会议"的基础上，设置由政府及民间团体代表组成的秘书处，监督战略的实施情况，基于"新市场创造型标准化制度"和"标准化应用支援合作制度"，持续保障战略的有序推进。2015 年 9 月，经济产业省还提出了"推进中小企业研发与标准化的一体化"的工作方针，意图在技术研发初期导入标准化思路，进而迅速掌握尖端技术领域的国际标准话语权。

六、韩国标准化战略

韩国作为东北亚区域的发达国家，其国家标准化战略值得我国高度关注。随着 2015 年发布的"第四次国家标准基本计划（2016—2020）"顺利收官，韩国于 2021 年 6 月制定发布了"第五次国家标准基本计划（2021—2025）"，以"通过数字标准向领先型经济转变"为愿景，"跻身数字标准世界四强"为行动目标，提出了四大任务及与之对应的 12 项重点推进课题。

（一）"第五次计划"的核心内容

为了提升后疫情时代的韩国产业竞争力，"第五次计划"提出了以"通过数字标准向领先型经济转变"为愿景,"跻身数字标准世界四强"为行动目标,提出了四大任务及与之对应的12项重点推进课题(见表5-2)。

表5-2 "第五次计划"的推进任务、重点推进课题及课题简介

四大任务	重点推进课题	课题简介
主导世界市场的标准化	数字技术标准化	研制D·N·A·数字技术标准及适用于安全、融复合系统的标准
	国家优势技术标准化	(1)为抢占系统半导体、未来汽车及生物健康三大核心产业的未来市场推进相关标准的研制; (2)支持原材料、零部件、装备产业独立化的标准研制; (3)推进将5G、AI等应用于产业标准的研制
	低碳技术标准化	推动氢能生产、储存、运输、应用等基础技术标准,太阳能等可再生能源技术标准,运输、生活电器等不同能源消费主体标准的研制
支持企业创新的标准化	推广定制型检测认证服务	(1)针对未获得认证的融合新产品与通过监管沙盒的产品研制相关认证标准; (2)为推进中小企业技术实现标准化,提供咨询服务和经费支持; (3)加强对KC、KS认证产品及法定计量仪器等安全管理产品的跟踪管理
	解决国内外技术法规问题	(1)废止内容重复的法规,完善技术法规和海外技术法规检索平台; (2)加强海外合作与协商
	研制并普及新测量标准	(1)研发并普及认证标准物质等; (2)为实现尖端材料、零部件产业及医疗诊断领域的精密校准和测量,推广使用标准物质
为国民营造幸福生活的标准化	生活服务标准化	实现日常生活用品的兼容性、考虑社会弱势群体需求、共享医疗信息及采用创新技术(物流、数字教育等)的生活服务标准化
	社会安全服务标准化	(1)推进社会安全网(灾难安全、产业安全及运输安全)的标准化; (2)实现生活安全标准化
	公共数据和民间数据标准化	(1)推进公共数据标准; (2)实现数据连接、应用及分析平台的标准化
构建创新主导型标准化体系	建立R&D—标准—专利的协调发展体系	完善R&D体系,系统化管理标准研究成果
	建立开放型国家标准体系	(1)与国际组织及事实标准化组织建立合作关系; (2)构建各部委全员参与型国家标准运营体系; (3)根据军民需求,研制并完善国防标准; (4)建立迅速应对民间标准化需求的论坛
	夯实以企业为中心的标准化基础	(1)为企业提供定制型标准化支持服务; (2)加强KC、KS品牌化建设; (3)培养专业标准人才,建立产学结合的良性循环体系

为推进核心内容即四大任务及与之对应的12项重点推进课题的有效实施,辅助各部委更好地抓住侧重点,"第五次计划"还着重阐述了财政投资计划。从财政投资计划来看,

联合制定"第五次计划"的 17 个部门未来预计投入 1.35 万亿韩元（约合人民币 79.4 亿），为历史最高值。同时韩国科学技术信息通信部和产业通商资源部获得预算排在制定部门中的前两位，强调了两部门在今后五年的标准化工作中发挥技术和引领作用。而且"支持企业创新的标准化"部分占了标准化预算的 6 成，未来该部分的标准化发展值得高度关注。

（二）"第五次计划"提出的量化目标

"第五次计划"通过设置量化目标来评价与衡量其实施情况（见表 5-3），量化目标包括 5 年间新增 ITU 提案 1000 项，研制服务标准 100 项，标准认证信息应用 2300 万条，以及国际公认认证机构和 ISO、IEC 标准提案分别增至 1100 家和 1400 项。

表 5-3 "第五次计划"提出的量化目标

序号	成果指标	成果目标
1	ISO、IEC 标准提案	（2020）1073 项→（2025）1400 项
2	ITU 提案	（2020）7482 项→（2025）8482 项
3	研制服务标准	（2020）1216 项→（2025）1316 项
4	国际公认认证机构	（2020）962 家→（2025）1000 家
5	标准认证信息应用	（2020）2200 万条→（2025）4500 万条

（三）"第五次计划"的主要变化

1. 更新了标准化发展阶段和目标

随着前几次国家标准基本计划的贯彻落实，韩国已逐步完善了国家标准化体系，再加上规划第四次韩国国家标准计划时提出的"开拓国际市场，进行标准开发"任务已初步实现。因此，第五次规划开始进入了下一阶段——主导阶段，即抢占市场主导型国际标准话语权的阶段（如图 5-2 所示）。相比于"第四次计划"，"第五次计划"充分体现了韩国通过标准化工作主导国际市场的思路，且重点目标也由"完善国家标准体系，促进经济增长"转化成了"通过数字标准向领先型经济转变"。标准化已然成为助力抢占国际标准话语权，驱动向数字化经济转型的重要工具。

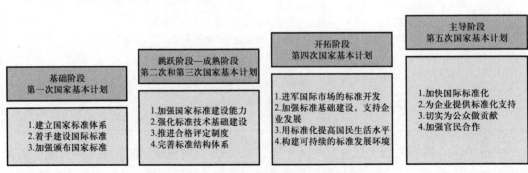

图 5-2 韩国国家标准基本计划发展概括

2. 更多部委参与制定

"第四次计划"是由韩国产业通商资源部主导，科学技术信息通信部等 13 个部门参与制定的，而"第五次计划"新增专利厅、疾病管理厅及中小风险企业部 3 个制定部门，并根据各自的职能和目标制定了不同的标准化课题，形成了跨部委协同推进标准化工作的格局。新加入的部委也开拓了新的工作领域，例如为在国际技术标准体系中占据主导地位，专利厅新设课题"建立 R&D—标准—专利的协调发展体系"；为了在后疫情时代为国民营造幸福生活，疾病管理厅负责推进疾病预防管理，守护国民健康的两项标准化课题等；中小风险企业部是除产业通商资源部和科学技术信息通信部外参与课题数量最多的部门，共负责 7 个标准化课题，也是推进韩国标准化工作，完成"数字化转型"这一战略目标的中坚力量之一。多部委共同参与规划制定，便于各部委间标准化政策的协调与更正，为标准化政策的实施创造有利的条件。

3. 更新战略重点领域

"第五次计划"主要从低碳技术、韩国国家优势技术（系统半导体、未来汽车及生物健康）、数字技术、服务、安全等方面入手，更新了重点领域。

在数字技术方面，"第五次计划"强调了大数据、5G 和 6G 网络、人工智能应用技术等领域对所有行业的广泛应用，以及标准化在促进它们使用、控制它们对社会的影响以支撑公共政策方面将发挥的作用；同时，在低碳技术方面，着重在能源转换领域、各产业部门低碳化领域及资源回收利用领域开展标准化研究，还指出拥有优秀低碳技术的企业和国家能够在未来主导世界经济，实现低碳技术标准化对于韩国到 2050 年实现碳中和目标具有重要意义；在服务方面，"第四次计划"以保障舒适富足国民生活的标准化为目的，已经为韩国构建了基本公共服务标准体系，而"第五次计划"在"第四次计划"的基础上进行升级，通过推广新兴服务、生活服务和社会安全服务的标准化，致力于在后疫情时代为国民营造幸福生活。

此外，还将"第五次计划"标准化工作扩展到了涉及安全的广泛领域，这不仅包括人员安全、食品安全、运输安全、网络安全、防灾安全、个人信息安全，还包括工作场所的健康及安全问题，全面通过标准夯实社会安全底线。

七、其他国家标准化工作发展战略

（一）德国

德国将标准数字化发展与产业数字化（工业 4.0）进程绑定，主要工作包括：

（1）在决策机制方面，建立了由标准化委员会（SCI 4.0）、面向企业的实验室网络（LNI 4.0）及工业 4.0 平台组成的标准化三元决策治理结构；（2）在实现模式方面，设立专门的标准—产业—应用模式工作组；（3）在产业应用方面，提出了可在物联网直接使用的标准集成模型。《德国标准化战略（2017）》中提出德国标准化学会（DIN）和德国电工委员会（DKE）是标准化领域数字变革的催化剂。积极探索开源项目，在标准化工作中有

效利用开源技术和方法。

（二）英国

2021 年 7 月，英国政府发布了《第四次工业革命标准：释放标准创新价值的 HMG-NQI 行动计划》。该行动计划主要包括 6 大行动，旨在充分发挥自愿性标准的潜力，支持创新并使其快速安全地商业化，确保标准、政策制定和战略研究之间的有效协同。其中的第 2 项行动计划就是加速标准的数字化，主要包括进一步发展其提供机器可读标准的能力；全面改革数字平台，以提高标准内容和信息的可访问性，促进对现有标准的反馈和对制定过程的监督；开发数字化标准所需的框架、良好实践指南和技能培训材料等。

（三）法国

法国标准化协会（AFNOR）通过制定发布《法国标准化战略》，适应新形势的发展，以更好地动员利益相关方，提高法国标准化体系的有效性，加强法国在欧洲和国际标准化中的影响力，推动国家利益。截至目前，AFNOR 共发布了 5 个版本的《法国标准化战略》，最新版战略为 2019 版《法国标准化战略》。

2019 版《法国标准化战略》在延续 2016—2018 版《法国标准化战略》的基础上，结合法国国家发展及标准化体系改进，在战略挑战、战略目标、战略重点、战略推进与战略管理等方面进行了更新与挑战。通过对战略委员会（COS）所确定的 15 个行业战略方向进行跨职能概述，阐明了目前正在进行或未来的重大标准化项目，明确了法国标准化体系的主要行动方向；设立了应对气候变化、控制数字化影响和构建更加包容的社会 3 大战略挑战；设置了可持续且智慧的城市和社区，对服务的信任和卓越服务，生态转型，吃的放心、活的舒心、老的优雅，数字技术，未来工业，自动的和远程控制的出行和物流等 7 个跨职能领域，确立了纳米技术、技术纺织品，新型智能材料，人工智能（新增）、储能电池（新增）和安全（新增）等 5 大重点领域。

（四）俄罗斯

《俄罗斯标准化战略（2019—2027）》中明确提出制定"机器可读标准"的要求，将国家标准转换为"机器可读格式"，通过自动化系统提供标准文本的创建、编辑和应用，以及在不同系统间交换文本的能力。该战略中还明确将标准库中 80% 的标准转化为机器可读标准的目标。

第三节　国际标准化与标准国际化

一、标准国际化概念

标准国际化是我国《国家标准化发展纲要》明确提出的标准化发展总体要求之一，也是《美国标准战略》《韩国国际标准化战略》《俄罗斯标准化战略》等十国国家标准化战略中提出的标准化发展趋势。

标准国际化，是指以推广本国或本地区标准为主要目的，采取一系列双边或多边的标准化策略，使标准满足其他区域要求的国际化活动。标准国际化可选择的策略与路径主要有以下 6 种：

（1）将本国标准或标准主要技术内容上升为国际标准，使之在全球推广；

（2）与标准合作国家开展标准互认，或与合作国家共同制修订标准；

（3）推动目标国家或地区直接采用或转化采用本国标准；

（4）协助或参与其他国家标准政策及具体标准的制修订；

（5）在境外工程中，依据双方协议或合同要求，使用本国标准；

（6）根据本国的具体情况，等同采用或修改采用先进的国际标准。

由此可见，标准国际化是以本国标准为主要立足点和出发点，以国际化（internationalization）和本地化（localization）为主要任务，以提升本国标准影响力和满足特定国家或地区需要为主要目标的活动。

二、标准国际化与国际标准化的关系

标准国际化和国际标准化是两个不同的活动，但是两者相互依存、相辅相成，既有区别，又有联系。

（一）区别

1. 视角不同

国际标准化活动强调的是多个国家在相关国际组织框架下共同参与的多边标准化活动，各个成员国家在相应国际组织中平等参与活动。国际标准化活动是以国际标准组织为主要视角开展的工作，以制定各国普遍适用的国际标准为主要目的。在充分采纳各国意见的基础上，一个国际标准采用了哪个国家的标准为蓝本，并不是问题的关键。标准国际化活动强调的是本国标准在其他国家或地区的应用程度。这一活动以本国为主要视角开展工作，以本国的标准和标准化工作为出发点，以推广本国标准、服务本国标准化战略为主要任务，其他的标准化工作都不是标准国际化关注的范畴。

2. 规则不同

国际标准化活动需要按照 ISO、IEC 和 ITU 等国际标准组织的规则（如 ISO/IEC 导则）开展标准制修订、标准管理及其他标准化工作，这样的规则是统一的、广泛适用的。标准国际化活动则根据目标国的不同及标准策略的不同（如直接转化、标准互认、联合制定等），制定不同的规则。这样的规则是灵活的、因地制宜的。

（二）联系

（1）国际标准化是标准国际化的最重要路径。随着世界互联互通和经济一体化的进一步发展，采用统一的国际标准推动经贸往来、支撑产业发展、促进互联互通，已经成为各国普遍认同的规则和发展趋势。考虑到世界各国国情和标准体系的差异，标准推广与认可的难度和成本，将随着标准推广目标国家数量的增多而增加，统一采用国际标准则可以显著提高标准推广的效率。因此，以国际标准为载体是最容易推广标准并被其他国家或地区所接受的方法。事实上，通过大力推动国际标准化活动，将本国标准或标准主要技术内容上升为国际标准，已成为各国普遍采用的标准国际化手段。

（2）标准国际化也是国际标准化的重要阶段和主要动力。通常情况下，只有在一个国家积极推动本国标准国际化的情况下，才会积极参与国际标准化活动。考虑到各国国情及经济社会环境的差异，在没有基础的情况下直接制定国际标准往往难度较大，一般情况下制定国际标准的各个组织都优先考虑将区域标准（如欧洲标准）或有过标准国际化合作背景的标准上升为国际标准。因此，通过标准国际化实现标准的双边或区域认同，是将本国标准上升为国际标准的一个重要环节。

综上可知，标准国际化和国际标准化两个既有联系又有区别的概念和活动，既不能相互混淆，也不能将二者割裂。标准国际化和国际标准化的关系如图 5-3 所示。

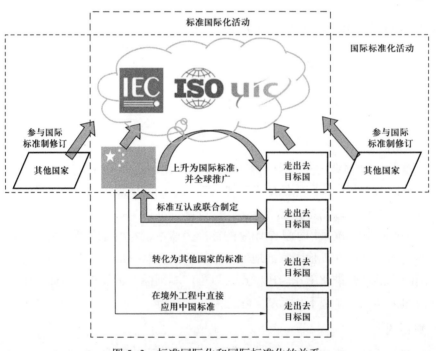

图 5-3　标准国际化和国际标准化的关系

🔍 本章要点

国际标准化是在国际范围内的标准化活动，本章对国际标准化的产生与发展、国际标准化战略及标准国际化与国际标准化三方面进行介绍，需掌握的知识点包括：

➢ 国际标准化的起源、发展、作用，以及国际标准化活动主要内容与发展趋势；

➢ 我国与日韩欧美等国的标准化战略；

➢ 国际标准化组织的标准化战略；

➢ 标准国际化与国际标准化的关系。

参 考 文 献

［1］陈源.标准国际化与国际标准化关系研究［J］.铁道技术监督，2016，44（12）：1-3.

［2］国家标准化管理委员会，国家市场监督管理总局标准创新管理司.国际标准化教程［M］.3版.北京，中国标准出版社，2021.

［3］尹航，谢斐，应未.从国内国际标准化战略看标准化工作发展趋势［J］.标准科学，2023，1：78-83.

［4］中华标局微信公众号.测绘标准化［J］.2021，37（3）：109-110.

［5］许柏，杜东博，刘晶，等.日本标准化战略发展历程与最新进展［J］.标准科学，2018，10：6-10.

［6］许柏，王天娇，刘晶，等.韩国标准化战略发展历程与最新进展［J］.标准科学，2018，10：11-15.

［7］牛娜娜，车迪.法国标准化发展概况［J］.标准科学，2022，8：93-98.

第六章　油气管道国际标准化组织

第一节　国际标准化组织 ISO

一、国际标准化组织 ISO 简介

国际标准化组织（International Organization for Standardization，ISO）是引领国际标准化活动和进程的组织，成立于1926年，总部在日内瓦，拥有253个技术委员会，170个成员，包括 P（Participating Member）参与成员和 O（Observing Member）观察成员。ISO 出版了2万多项国际标准，涉及工业、农业、能源、环境、管理和信息技术等领域，具有很强的权威性、指导性和通用性。深入研究 ISO 标准制定工程程序和管理模式，系统梳理 ISO 油气管网标准目录和标准制修订信息，对于参与 ISO 标准化活动、加强 ISO 标准采标工作具有重要的意义。

二、ISO 组织机构和国际合作

ISO 最高权力机构是全体大会，每年一次，主要议程是审议项目执行情况和制定战略计划。ISO 管理机构是理事会，由 ISO 主要官员（主席、副主席、司库和秘书长）和全体大会选出的18个理事国组成，职责是任命技术管理局成员。ISO 设立4个政策制定委员会：合格评定委员会、消费者政策委员会、发展中国家事务委员会及信息系统和服务委员会。技术管理局（Technology Management Bureau，TMB）是 ISO 标准制定和协调工作的最高管理机构，由理事会选举的12个成员组成，主要职责有：

（1）建立技术委员会，任命技术委员会主席，确定技术委员会秘书处；

（2）批准技术委员会工作范围和计划；

（3）撤销技术委员会；

（4）监督技术委员会工作进度；

（5）标准工作协调、组织和分工，召集有关领域专家成立咨询组；

（6）审查新兴技术领域工作规划；

（7）审查新工作项目提案、委员会草案、草案征询意见和最终国际标准草案意见。

美国国家标准协会（American National Standard Institute，ANSI）是 ISO 的核心成员，

是 ISO 的 5 个常任理事国成员之一，4 个理事会成员之一，参与了 ISO 技术委员会 79% 的标准工作计划。ISO 和美国石油学会（American Petroleum Institute，API）实行联合工作计划，按照双轨程序审议，标准等同采用。借助"二次采用"（Adopt-back）政策，任何 ISO 标准都可以附加 API 联合商标，截至 2019 年，76 项 ISO 标准被 API "二次采用"。

1992 年，欧洲标准化委员会（European Committee for Standardization，CEN）和 ISO 签订了大规模技术信息交流《维也纳协议》，规定 CEN 给予 ISO 标准编制的优先权；欧洲专家可以深入便捷地参与 ISO 标准的制定工作，ISO 开展一个新项目，5 名 CEN 成员可联合提名一位欧洲专家和一名项目负责人参与该项目；欧洲标准经审查可冠以联合商标"CEN/ISO"。英国标准协会（BSI）重视与 ISO 的对口工作，针对 ISO 的技术委员会指定了相应的镜像委员会。

三、ISO 标准工作程序和管理模式

ISO 国际标准是经 ISO 的 P 参与成员对国际标准草案（Draft International Standard，DIS）和最终国际标准草案（Final Draft International Standard，FDIS）投票通过，由 ISO 中央秘书处（Central Secretariat，CS）出版的标准。

ISO 国际标准的文件阶段定义如下：

（1）预备阶段（Proposal Working Item，PWI）：提议新工作项目；

（2）提案阶段（New Preparatory，NP）：形成新工作项目提案；

（3）起草阶段（Working Draft，WD）：形成工作草案；

（4）委员会阶段（Committee Draft，CD）：形成委员会草案；

（5）征询意见阶段（DIS）：形成国际标准草案；

（6）批准阶段（FDIS）：形成最终国际标准草案；

（7）出版阶段（International Standard，IS）：正式出版国际标准。

ISO 国际标准工作程序简述如下：

（1）一项通过准备阶段（PWI、NP、WD）和委员会阶段（CD）审查的标准，超过 2/3 的 P 成员投赞成票视为批准，形成国际标准草案（DIS）；

（2）国际标准草案（DIS）提交 ISO 所有成员国进行为期 5 个月投票，反对票不应超过投票总数的 1/4，根据 ISO 成员国的意见进行修改，形成最终国际标准草案（FDIS）；

（3）最终国际标准草案（FDIS）再次提交 ISO 所有成员国进行投票，反对票不应超过投票总数 1/4，即被批准为国际标准。

ISO 标准立项和复审依据是"标准价值评价工具"（Standard Value Assess Tool，SVAT），ISO 标准立项依据是针对以下 5 项技术指标进行量化评价，每项指标评价结果分成 5 个等级评分（1、2、3、4 和 5 分），一项标准 5 项技术指标评价结果总和大于 15 分才能立项。

（1）对国际贸易和生产技术的贡献；

（2）对国民经济、健康安全或环境保护的贡献；

（3）为减少或消除贸易壁垒而对各国标准进行协调统一的必要性；

（4）在技术上达成协商一致的可能性；

（5）项目的紧迫性、优先程度。

ISO 标准超过 5 年必须进行复审。ISO 复审依据是针对以下 3 项技术指标进行量化评价，评价结果分成 5 个等级（1 分到 5 分），根据分数确定采取的措施：废止、修订、有效、有效但需要更正错误。原则上一项标准 3 项技术指标评价结果总和小于 9 分，该标准将被废止。

（1）对国际贸易和生产技术的贡献；

（2）对国民经济、健康安全或环境保护的贡献；

（3）该标准被世界各国直接使用或转化为世界各国国家标准的情况。

四、ISO 油气管道标准化技术委员会

ISO 与管道行业相关的技术委员会和分技术委员会见表 6-1，其中最重要的技术委员会是 TC 67（石油、石化和天然气工业用材料、设备和海上结构标准化技术委员会）。TC 67/SC 2（管道输送系统分技术委员会）下设 20 个工作组，负责制定管道阀门、管线焊接、水下阀门、法兰和接头、管道防腐涂层、阴极保护等方面的国际标准。TC 67/SC 2 工作组名称见表 6-2。

表 6-1　ISO 与管道行业相关的技术委员会和分技术委员会

编号	技术委员会名称	编号	分技术委员会名称
TC 67	石油、石化和天然气工业用材料、设备和海上结构	SC 2	管道输送系统（秘书处由中国和意大利联合承担）
		SC 5	套管、油管和钻杆（JISC）
		SC 9	液化天然气装置和设备（AFNOR）
TC 193	天然气	SC 1	天然气分析
TC 11	锅炉和压力容器		
TC 28	石油产品和润滑油		
TC 92	火灾安全	SC 3	受火灾威胁的人和环境
		SC 4	火灾安全工程
TC 115	泵	SC 1	泵尺寸和技术规范
		SC 3	安装和特殊用途
TC 153	阀门	SC 1	设计、生产、标记和测试
TC 185	超压保护安全装置		
TC 192	燃气轮机		
TC 199	机械安全		

表 6-2 TC 67/SC 2 工作组

编号	工作组名称	编号	工作组名称
WG 2	管道阀门	WG 10	感应（热煨）弯头、法兰、管件
WG 8	管道焊接	WG 12	基于极限状态的可靠性方法
WG 9	海底管道阀门	WG 14	管道外防护涂层
WG 16	管线管	WG 15	机械连接器试验程序
WG 17	管道寿命延长	WG 11	陆上及海上管道阴极保护
WG 19	防湿绝热涂层	WG 18	管道阀门执行机构尺寸定位
WG 21	管道完整性管理	WG 13	ISO 13623 的维护
WG 20	钢管套	WG 23	地质灾害风险管理
WG 24	直流杂散电流	WG 25	联合 ISO/TC 67/SC 2–ISO/TC 67/WG 11 WG：管道内部涂层
WG 26	术语和定义	WG 27	ISO 14313：2007、ISO 14723：2009、ISO 12490：2011 修订版

（一）ISO/TC 67 总体情况

有关石油和天然气的 ISO 标准已经越来越多地得到各地区和国家标准机构的采用。这一发展在国际石油天然气生产商协会（OGP）出版的标准公告中得到显著反映。OGP 的成员来自 80 个国家，占据世界石油产量的一半以上，天然气产量的约三分之一。OGP 大力支持石油和天然气行业国际标准化工作，积极推动制定和使用 ISO 和 IEC 标准。OGP 标准公告中引用的例子之一就是有关管道涂层的 ISO 21809 标准。该标准提供了全世界统一和一致的执行方法，替代了多种现有规范，因而节省了石油和天然气行业的成本，降低了复杂性。

国际标准化组织"ISO/TC 67 石油、石化和天然气工业用材料、设备和海上结构标准化技术委员会"（Materials, equipment and offshore structures for petroleum, petrochemical and natural gas industries）成立于 1947 年，目前由荷兰标准协会（Nederlands Normalisatie-Instituut，NEN）承担秘书处工作。

ISO/TC 67 业务范围包括石油、石化和天然气工业范围内的钻井、采油、管道输送、液态和气态烃类的加工处理用设备、材料及海上结构。不包括国际海事组织公约（IMO requirements）对海上结构对象的约定（ISO/TC 8）。迄今为止，ISO/TC 67 共拥有 35 个 P 成员、27 个 O 成员，已发布现行有效的 ISO 标准 229 项。

与 ISO/TC 67 建立联络关系的 ISO 技术委员会有：TC 5、TC 8、TC 14、TC 17、IC 22、TC 35、TC 45、TC 96、TC 98、TC 108、TC 115、TC 135、TC 145、TC 153、TC 156、

TC 164、TC 176/SC 2、TC 184/SC 4、TC 193、TC 197、TC 251、TC 262、TC 263、TC 265。与 ISO/TC 67 建立联络关系的 IEC 技术委员会有 IEC/TC 18。与 ISO/TC 67 建立联络关系的国际标准化机构有：国际钻井承包商协会（International Association of Drilling Contractors，IADC）、国际油气生产者协会（International Association of Oil and Gas Producers，IOGP）、世界海关组织（World Customs Organization，WCO）、世界气象组织（World Meteorological Organization，WMO）等。

目前 ISO/TC 67 下设 1 个管理与执行委员会和 2 个特别组、9 个分技术委员会和 7 个工作组，具体情况见表 6-3，表 6-4。

值得注意的是，2021 年，为适应 ISO 未来标准的要求（即机器可读标准），成立了"ISO/TC 67/AG 1 数字实现工作组"，目的是支持项目组进行标准起草的工作。

表 6-3　ISO/TC 67 下设机构情况

编号	名称
TC 67/MC	TC 67 执行和管理委员会
ISO/TC 67/AG 1	数字实现
ISO/TC 67/CAG	主席顾问组
TC 67/WG 2	石油、石化和天然气工业的运行完整性管理
TC 67/WG 4	可靠性工程和技术
TC 67/WG 5	铝合金管
TC 67/WG 7	抗腐蚀材料
TC 67/WG 8	材料、腐蚀控制、焊接和无损检验
TC 67/WG 11	结构与设备的涂层和衬里（Coating and lining）
TC 67/WG 13	海上工程用散装材料
TC 67/SC 2	管道输送系统（秘书处由中国和意大利联合承担）
TC 67/SC 3	钻井、完井液与油井水泥
TC 67/SC 4	钻井采油设备
TC 67/SC 5	套管、油管和钻杆
TC 67/SC 6	加工设备和系统
TC 67/SC 7	海上结构
TC 67/SC 8	北极业务
TC 67/SC 9	液化天然气装置和设备
TC 67/SC 10	提高采收率（Enhanced oil recovery）（新成立，中国承担秘书处）

表 6-4　ISO/TC 67 的联合工作组情况

工作组编号	联合工作组编号	工作组名称
ISO/TC 35/WG 60/SC 2/WG 11	Joint ISO/TC 35–ISO/TC 67 WG	涂层检验员和涂装工的能力要求 （Competency requirement of coating inspectors and applicators）
TC 192/WG 4	Joint TC 192–TC 67/SC 6 WG	燃气轮机（Gas turbine）

（二）ISO/TC 67/SC 2 管道输送分委会发展情况

"ISO/TC 67/SC 2 管道输送系统标准化分技术委员会"于 1992 年成立，负责陆上及海上石油天然气工业中流体输送的标准化，由管道输送系统的标准组成，集中在材料和部件，作用是适应工业的发展，与其他标准（API、CEN、NACE）协调，SC 2 提出的口号是：全球合作，没有竞争。

SC 2 的秘书处由意大利和中国并行承担。目前有 33 个 P 成员，8 个 O 成员（观察成员，无表决权），中国为 P 成员之一，中国石油集团石油管工程技术研究院作为技术对口单位，代表中国行使权利和义务。SC 2 目前下设 20 个工作组，见表 6-5。目前已经发布技术标准 29 项（包括修订），正在制、修订的标准计划 16 项。

表 6-5　ISO/TC 67/SC 2 下设机构情况

序号	编号	名称
1	TC 67/SC 2/WG 2	管道阀门
2	TC 67/SC 2/WG 8	管道焊接
3	TC 67/SC 2/WG 9	海底管道阀门
4	TC 67/SC 2/WG 10	管道法兰、配件和弯管
5	TC 67/SC 2/WG 11	管道阴极保护
6	WG 12	基于极限状态的可靠性方法
7	TC 67/SC 2/WG 13	ISO 13623 的维护
8	TC 67/SC 2/WG 14	管道外防护涂层（ISO 21809）
9	TC 67/SC 2/WG 15	机械式连接器的测试程序（ISO 21329）
10	TC 67/SC 2/WG 16	管线管（ISO 3183）
11	TC 67/SC 2/WG 17	管道寿命延长（ISO/NP TR 12747）
12	TC 67/SC 2/WG 18	管道阀门执行机构尺寸定位
13	TC 67/SC 2/WG 19（SC 2/SC 4）	防湿绝热涂层（ISO/CD 12736）
14	TC 67/SC 2/WG 20	钢管套

续表

序号	编号	名称
15	TC 67/SC 2/WG 21	管道完整性管理
16	TC 67/SC 2/WG 23	地质灾害风险管理
17	TC 67/SC 2/WG 24	直流杂散电流
18	TC 67/SC 2/WG 25	管道内涂层
19	TC 67/SC 2/WG 26	术语和定义
20	TC 67/SC 2/WG 27	ISO 14313：2007、ISO 14723：2009、ISO 12490：2011 修订版

SC 2 的工作范围是整个油气管道输送系统，标准涉及管材、阀门、设计、施工、防腐、运行维护等多个专业，与我国多个标委会/专标委的工作范围相关，与国内多家单位的业务相关。

（三）ISO/TC 67/SC 5 套管、油管和钻杆分委会发展情况

"ISO/TC 67/SC 5 套管、油管和钻杆标准化分技术委员会"于 1988 年成立，目前，SC 5 秘书处承担国为日本（JISC），有 23 个 P 成员，9 个 O 成员，中国为 P 成员之一，中国石油集团石油管工程技术研究院作为国内技术对口单位，代表中国行使权利和义务。ISO/TC 67/SC 5 下设 5 个工作组，见表 6-6。

表 6-6 ISO/TC 67/SC 5 下设机构

编号	名称
TC 67/SC 5/WG 1	套管、油管和钻杆
TC 67/SC 5/WG 2	套管和油管的连接及特性
TC 67/SC 5/WG 3	防腐蚀合金套管和油管
TC 67/SC 5/WG 4	套管、油管及管线管用螺纹油的要求、评定和检测
TC 67/SC 5/WG 5	内衬套管和油管

（四）ISO/TC 67/SC 9 液化天然气装置和设备分委会发展情况

"ISO/TC 67/SC 9 液化天然气标准化分技术委员会"成立于 2015 年。目前，SC 5 秘书处承担国为法国（AFNOR），有 20 个 P 成员，4 个 O 成员，中国为 P 成员之一，中海石油气电集团有限责任公司作为国内技术对口单位，代表中国行使权利和义务。SC 9 下设 6 个工作组，见表 6-7。

（五）ISO/TC 67/SC 10 提高采收率分委会发展情况

ISO/TC 67/SC 10 提高采收率分委会成立于 2022 年，面向全球开展提高采收率领域国

际标准化工作，是我国在油气勘探开发核心业务领域唯一承担秘书处的国际标准化技术组织，中国石油大庆油田有限责任公司作为提高采收率分委员会秘书处。

表 6-7 ISO/TC 67/SC 9 下设机构

编号	名称
TC 67/SC 9/WG 8	ISO/TC 67/SC 9 和 ISO/TC 92/SC 2 联合工作组：耐低温泄漏
TC 67/SC 9/WG 1	液化天然气用作海上、公路和铁路燃料时的设备和程序
TC 67/SC 9/WG7	液化天然气生产或电气化的海上设施
TC 67/SC 9/WG 9	液化天然气轨道车应用
TC 67/SC 9/WG 10	液化天然气工厂的温室气体排放
TC 67/SC 9/WG 11	风险评估

第二节 国际电工委员会 IEC

一、国际电工委员会 IEC 简介

国际电工委员会（IEC）是世界上成立最早的非政府性国际电工标准化机构，它负责制定电气和电子领域的标准。早在 1904 年，各国政府代表团在美国圣路易斯举行国际电工会议。会议建议各国技术团体进行必要的协调工作，以促进有关电气设备术语和功率的标准化。1906 年，国际电工委员会（IEC）在英国伦敦正式成立，并起草了 IEC 章程。ISO 和 IEC 都是法律上独立的团体，是互为补充的国际标准化组织，共同建立国际标准化体系。IEC 负责有关电气和电子工程领域的国际标准化工作，其他领域的工作则由 ISO 负责，两组织保持密切协作。IEC 的宗旨是促进电工、电子工程领域中的标准化及有关事项（如认证）方面的国际合作，增进国家间的相互了解。

二、IEC 组织机构和国际合作

IEC 组织体系包括理事会、理事局（CB）、执行委员会（EXCO）、标准化管理局（SMB）、市场战略局（MSB）、合格评定局（CAB）和中央秘书处。标准化管理局（SMB）负责管理和监督 IEC 的标准工作，包括建立和解散 IEC 技术委员会 TC 或分委员会 SC，批准其工作范围；任命技术委员会或分委员会的主席和秘书处；分配标准工作，监督标准项目的制修订时间进度；批准和维护《ISO/IEC 导则》；审议、批准新技术工作领域的需求和计划；维护与其他国际组织的联络关系。IEC 的技术委员会（Technical Committee，TC）是承担标准制修订工作的技术机构，下设分委员会（Subcommittee，SC）

和项目组（Project Team，PT）。目前，IEC 已经是世界上最具权威性的国际标准化机构之一。

同 ISO 一样，IEC 会员为国家成员，由各个国家的标准化团体参加，各个成员国派专家参与 IEC 的技术工作。截至 2024 年 2 月，IEC 共有 90 个国家成员。其中，62 个正式成员（Full Members）、28 个协作成员（Associate Members）；共有 115 个标准化技术委员会（TC）、102 个标准化分技术委员会（SC）。

第三节　美国石油学会 API

一、美国石油学会 API 简介

美国石油学会（American Petroleum Institute，API）成立于 1919 年，总部在华盛顿，是美国石油天然气勘探开发、炼油、管道运输、销售和安全行业的协会组织。API 现有超过 650 家公司会员，包括大型石油公司及从事勘探生产、炼油、市场销售、管道、海上业务、服务与装备制造企业。由来自全球行业专家组成的 API 标准委员会开发并管理着的 700 多个行业标准在全球范围内有着广泛的应用，API 标准涉及勘探开发、炼油、管道、计量、销售等多个领域，很多 API 标准被 ISO 和其他标准组织及国家采用。百年的标准化工作经验，完善的标准体系，明确的标准主题，充足的理论依据，使得 API 标准成为世界各国公认的先进标准，具有很强的权威性、指导性和通用性，在全球石油工业标准化领域中占据主导地位。深入研究 API 标准工作程序和管理模式，系统梳理 API 油气管道标准目录，全面跟踪 API 标准制修订信息，对于我国油气管道行业加强 API 标准采标工作，具有重要的意义。

API 标准的制订以各类研究资料和统计数据的广泛收集为基础，针对某一问题从分析具体事例入手。API 标准凭借准确详实的数据资料、扎实深入的科学研究、可靠实用的技术实践而极具说服力。API 标准的先进性主要体现在以下几个方面。

（一）研究领域广

API 制定了 600 余项石油行业设备和操作标准，堪称石油工业"集体智慧的思想库"，涉及石油工业各个领域，涵盖勘探和开发、船舶运输、石油计量、贸易销售、管道输送、炼油化工、安全和消防、行业培训、健康和环境事务共 9 个技术领域。每一大类标准又分为若干小类，例如环境安全卫生标准包括：空气监测、环境安全数据、人类健康监测指标、环境损害评估、土壤和地下水评估、废气、废水、废物处理等。

（二）标准溯源性强

API 每发布一个标准，都有明确的版本和实施日期标记，每经过一次重新修订，将延续一个新版本并规定新的实施日期。标准使用者通过标准的版本序号就能了解该标准经过几次修订，大致推断出该标准的最初制定时间和延续历史。

（三）标准可操作性强

API标准以产品的互换性和安全性为基本主题，良好的互换性和安全性使用户在安装和维护中极为方便，世界各地按照API标准生产的产品可以方便地安装和对接，这为制造商和使用者提供了极大的便利。

（四）完善的标准体系

API标准体系以标准（Std）、规范（Spec）、推荐做法（RP）和质量保证体系规范（SpecQ）为主，辅以技术报告（TR）、公报（Bull）或公告（Publ）、研究报告（RS）、研讨论文（DP）和手册等多种形式出版物，这些出版物是API制订、修订标准的基础支持性和指导性文件。

（五）标准延续性强

API发布的新版标准在新增部分和已被修订部分的侧面标记明显的粗实线，明确标示新版本标准与原标准的差异，便于标准使用者分析、研究和贯彻。

二、API标准工作程序

API执行公开标准制修订程序，充分利用全球人力资源，保持与其他国际标准化组织的合作，遵循"只做一次、力求正确、全球通用"原则，促进合作制和协商一致的标准战略。

（一）组织机构

API标准化委员会包括油田设备和材料委员会（ECSOEM）、石油计量委员会（COPM）、炼油设备委员会（CRE）和安全消防委员会，标准化委员会和分委员会（SC）设立工作组（WG）或任务组（TG）负责标准制修订工作，如需要可设立顾问组（AG）或资源组（RG）。管线和阀门分委员会属于炼油设备委员会，下设运行和技术委员会（OTC）、公共事务委员会和HSE委员会，OTC负责制定油气管道设计和运行标准，以及管道安全条例和管道人员培训标准。

（二）标准立项

API标准立项是非常开放和严格的，API会员和标委会成员均可提出立项，且不受时间限制。立项应有详细的项目建议书，要求列入3~5名专家，项目可以是一项完整的技术标准，也可以是某项标准中的某个章节、段落，甚至某一句话，一个数据。整体技术标准立项较少，在制定新产品标准或标准复审时才会出现。API开放式立项方式可以保证标准体系不断完善，形成渐进式发展，使标准像生物体一样随着技术进步而不断"生长"。

（三）标准审议

API 标准制定过程经历非常严格的多层次交叉审查，标准条款从起草过程直至完成，均要由任务组（TG）和资源组（RG）重复多次审议，再报分委员会（SC）和标委会（C）进行审议表决。审议过程通常经历较长时间，关键是需要各代表方意见协商一致。

（四）标准投票

标准草案经任务组、资源组、分委员会和标委会审议后进入投票阶段，以特制的投票单通过信函进行投票。投票回执有：同意、同意附加修改意见、不同意、弃权、不投票。不同意投票必须附有具体意见，标委会秘书视情况提出重新审议、再次投票或另立新项目的提案。

API 标准提案投票分阶段进行，投票通过的修订意见不能立即写入正式标准，而是按照 5 年修订周期进行累积，届时才写入标准新版本。这种修订模式使 API 标准既可以按照成员和用户意见不断修订，又能保证 API 标准具有较高的可靠性和安全性，便于用户理解采用，也为制造商进行设备和技术更新预留了足够时间，保证新标准一经生效即可贯彻执行。

（五）标准修订

API 明确规定："API 标准至少每 5 年进行 1 次复审和修订，重新认定和废止，必要时复审周期可以延长，但 1 次延长期最多两年。出版物自发布之日起 5 年后，不再作为 API 执行标准发生效力，被允许延长有效期时，则止于新版本发布日"。API 标准的有效性一目了然。由于标准定期修订，API 标准能够紧跟石油工业发展形势和科技进步，使其具有先进性。

API 标准提案投票是分阶段进行的，投票通过的修订意见不能立即写入正式标准，而是按照 API 标准 5 年的修订周期进行累积，即 5 年内通过的修订条款应等到下一个修订周期才能成为正式标准条款。这种修订模式既能使得 API 标准不断修订，又能保证 API 标准具有较高可靠性和安全性，为新标准生效前预留了足够时间，既便于用户理解和采用，又为制造商进行设备和技术更新提供了条件，保证了新标准一经生效即可贯彻执行。API 每年举行一次标准化年会，对标准修订项目进行表决。一项标准提案第一年没有通过，第二年仍将列入议案继续讨论，直至该项目通过或撤销。

（六）API 与 ISO 的合作

API 和 ISO 实行联合工作计划，按照双轨程序审议，其标准等同采用。ISO/TC 67（石油、石化和天然气工业用材料、设备和海上结构标准化技术委员会）秘书处设在 API，借助"二次采用"（Adopt-back）政策，任何 ISO 标准均可以附加 API 商标，约 76 项 ISO/TC 67 标准被 API 采用。

三、参与 API 标准途径方式

（一）API 国际标准化

ISO 标准地位的提升，使得各成员国比以前更为积极地参加 ISO 的工作，一种是把采用 ISO 标准作为国家的一项基本技术政策，另一种是要想方设法把自己的国家标准、地区标准或行业学会标准推荐给 ISO，要求 ISO 采用。对此，美国采取的是后一种做法，具体步骤如下：

（1）早在 1989 年，美国就意识到标准国际地位的重要性，倡导恢复 ISO/TC 67 委员会的工作；

（2）1989—2008 年，API 受美国 ANSI 的委托直接负责 ISO/TC 67 的秘书处工作，期间推行"快轨计划"，将部分 API 标准直接转换为 ISO 标准；

（3）由于欧盟的一体化，欧洲国家对 ISO 标准也越来越重视，实际参与的程度不断加深，API 承担 ISO/TC 67 的秘书处工作期间，主席一职由 BPAMOCO 公司的美籍人士担任，欧盟也逐渐正式参与进来，确定了 API 和欧洲标准化委员会（CEN）的双轨审查制度；

（4）逐渐进入联合制定的阶段，ISO 11960《石油天然气工业油井用钢质套管和油管》是采用了 API Spec 5CT《套管和油管规范》制定的 ISO 标准，其间，API 和 CEN 共同参与，该标准已被视为联合制定标准的典范。

API 积极促使其国际标准化，目的是很明确的，就是要用 API 取代 ISO 标准，使 ISO 标准以 API 标准为核心和基础，以此来保持 API 在全球经济发展中占有突出的地位。通过国际化，API 标准可获得国际上更为广泛的认可和接受，可以在深层次上影响 ISO 标准的制定；同时也可以汲取世界各国的标准化经验和技术优势，争取将 API 标准推广到尚未建立标准化体系的国家和地区，最终还是为了 API 的利益，为了 API 成员的利益，为了美国石油工业的利益。

（二）成为 API 会员或参加其年会的相关要求

1. 成为 API 会员的要求

（1）在美国、加拿大和墨西哥境内从事石油天然气行业且满足 API 五个工业部门之一条件的公司可加入 API；

（2）成员需要向所在分委会交纳会费；

（3）在除上述三个国家以外的其他国家内，从事为石油天然气行业提供技术服务或产品的公司也可通过 API 主席同意或指定加入 API。

注：个人或政府机构不能加入 API。

2. API 有 5 个行业部门

（1）上游行业部门：向在美国境内生产石油或天然气的公司开放；

（2）下游行业部门：向在美国境内炼制或销售成品油的公司开放；

（3）管道行业部门：向在美国境内拥有或经营原油、成品油、液态 CO_2 和其他危险液体的管道公司开放；

（4）海上行业部门：向在美国境内从事水运原油或成品油的公司开放；

（5）普通成员部门：向为石油天然气行业提供技术服务或产品的公司开放，可不考虑该从事石油天然气行业的种类。该部门开放的公司包括：石油天然气行业操作设备的制造商；为石油天然气行业提供技术服务的公司，如钻井承包商；为成品油或润滑油等提供原料的供应商和专业技术咨询公司。

3. API 会费

石油天然气公司的会费根据其公司规模和其加入 API 工业部门的要求而定；管道公司的会费则是根据该公司所拥有原油、成品油及危险液体管道的总输量而定；提供技术服务或产品的公司的会费则是根据对美国的销售额而定；海上工业部门成员的会费则是按固定的值支付。

四、API-U

（一）申请 API-U 培训活动的背景和意义

API-U（American Petroleum Institute-University，API-U）是 API 与世界各国石油行业领军企业或机构联合开展的培训课程，是 API 唯一指定授权的面授培训渠道。开展 API-U 培训的背景和意义，主要体现在如下几方面：

1. 长输油气管道运营大势所趋

我国油气长输管道运营已经走过了半个世纪的辉煌历程，建立起了多渠道、跨区域的全国性油气管网系统，目前已经成为国民经济的能源大动脉，当前和今后若干年都将是我国油气储运事业发展的最佳时期，油气储运建设运行和科技在迅速发展，前景广阔。

2. 管道建设和运行管理专业人员迫切需求

面对管道快速发展、安全形势严峻及管网独立运行的形势，管道建设和运行管理专业人员迫切渴望熟悉和掌握行业迅速发展的技术和形势，而标准作为技术有形化的最主要载体，是管道建设与运行的基本依据，从标准方面梳理和解决现场问题是极其必要的。参加 API-U 培训可以巩固专业基础，有效提升管道建设和运行管理相关技能与知识水平，掌握不断变化的标准与法规要求，获得 API 认可并正式注册的培训证书，而且通过 API 的全球平台，还可以同全国乃至全球行业专家开展交流，拓宽行业视野和专业认知，为国内油气储运行业培养高素质尖端人才。

3. API 标准在油气行业具有很高的声望和信誉

API 标准被国际石油行业公认，具有全面性、系统性、领先性和权威性，在石油工业标准化领域长期居主导地位，被世界各地广泛使用。近五年来，API 发布或更新与油气管道输送相关标准约 60 余项，API-U 课程培训在国内石油领域具有较好的影响力和知名度，是石油领域从业人员具备相关专业学识和技能的体现和有力证明。

（二）申请 API-U 培训活动的主要内容

1. 申请 API-U 培训机构资质

API-U 培训机构申请费用为 1000 美金，终身有效。

2. 申请 API-U 培训课程

API 培训课程分为 API 自有课程和非 API 自有课程两种。

（1）API 自有课程主要是 API 针对多项认证（如 API 个人认证或会标产品认证）开设相应的培训课程，表 6-8 是 API 认证具体课程内容。

表 6-8　API 自有课程开发情况

序号	课程内容	课程状态和属性
1	API Q1《石油、石化和天然气行业质量项目规范》	已开发，API 认证审核员项目（ACP）
2	API Q2《石油、石化和天然气行业服务提供组织质量管理体系规范》	已开发，API 认证审核员项目（ACP）
3	API 6D《管线阀门》	已开发，API 产品认证项目
4	API 6A《井口和采油树装置设备规范》	已开发，API 产品认证项目
5	API 6DSS《海底管道阀门》	已开发，API 产品认证项目
6	API 510 压力容器检验员培训	正在开发，API 个人认证项目（ICP）
7	API 570 工艺管道检验员培训	正在开发，API 个人认证项目（ICP）
8	API 620《大型低压储罐设计与建造》	正在开发，API 产品认证项目
9	API 650《钢质焊接石油储罐》	正在开发，API 产品认证项目
10	API 653 地上储罐检验员培训	正在开发，API 个人认证项目（ICP）

（2）非 API 自有课程由企业自主申请，分为 2 小类：一类是企业已经开展过的一些培训课程可直接申报 API 课程；一类是企业专门针对 API 可重新开发课程。可以根据企业情况申请不同课程，要求课程设置中 API 标准或规范的内容约占 30%～50%。API 收取培训报名费用的 30%。

目前，国内已经有 5 家企业开展了 API-U 培训课程，例如中国石油集团石油管工程技术研究院自 2014 年开始组织了 API 5L《管线钢管规范》标准培训、API 5CT《套管和油管规范》标准培训，每年举办一期；上海恳颂机械技术有限公司及青岛海斯特管理咨询有限公司等几家单位组织了 API 6D《管线阀门》标准培训、API Q1《石油、石化和天然气行业质量项目规范》审核员培训、API Q2《石油、石化和天然气行业服务提供组织质量管理体系规范》审核员培训等；国家管网集团北方管道公司管道科技研究中心 2021 年组织了"输油管道泄漏监测技术暨 API RP1130"培训，通过培训，加强了相关人员对管道泄漏监测技术的理解与认识，提升了管道泄漏监测技术的应用水平和应用效果。

（三）开展 API-U 培训活动的工作方案建议

初步策划开展培训的计划与方案具体如下，该方案将在后期工作开展过程中不断补充和完善。

1. 课程及讲师征集

（1）编制课程、讲师申报要求和说明；

（2）征集课程及讲师，并提供课程初步材料；

（3）对征集到的课程和讲师进行初步筛选。

2. 课程及讲师选定

（1）根据征集情况，对课程进行排序，选择最优课程；

（2）对选择的课程协助讲师准备完善、详细的课程资料（英文材料）；

（3）其他课程可以作为以后长期开展此项工作的备选课程。

3. 提交申请

将课程申请按照要求提交 API 北京代表处，并根据反馈意见及时修改完善。

4. 组织培训

（1）根据审批情况，若审批成功，则编写具体培训方案及通知；

（2）若审批不成功，则根据反馈意见，考虑重新申报其他课程。

5. 考试及发证

（1）讲课结束需要组织考试，由讲师编写试题库；

（2）考试可采用试卷形式或者计算机考试形式；

（3）发放培训证书。

6. 课程总结与反馈

（1）将参与者课程总费用的 20% 作为特许权使用费向 API 以美元的形式支付；

（2）将培训反馈表、学员信息等表格反馈给 API。

第四节　美国机械工程师协会 ASME

一、美国机械工程师协会 ASME 简介

美国机械工程师协会（American Society of Mechanical Engineers，ASME）成立于 1880 年，是世界上第一个促进机械工程科学技术与生产实践发展的国际性标准化组织，

研究学科分为基本工程（例如能量转化、资源、环境、工程材料等）、制造工艺（例如材料储存、设备维护、加工工艺、制造工程学等）和系统设计（例如计算机工程应用、动力系统和控制、电气系统、流体力学、信息处理和储存等）三大领域，制定的管道、锅炉、压力容器等技术标准具有较高的权威性，在全球 90 多个国家采用。ASME 拥有 127000 名会员，每年召开 30 次专业技术会议和展览会，出版 19 种机械工程行业的期刊、专著、研究报告和论文集，举行涉及 200 个专业的 150 个短期培训班。ASME 标准对于美国政府制定机械行业发展战略和法律法规具有重要的参考价值。

二、ASME 组织机构

ASME 最高管理机构为董事会，董事会下设规范和标准理事会，理事会下设若干理事会或委员会，委员会下设分委员会，分委员会下设工作组。压力技术规范与标准理事会分为 18 个技术委员会，其中 B31 规范与压力管道标准技术委员会分为 15 个分部委员会，其中 B31.4/11 液体管道系统分部委员会规定了液体（原油、凝析油、液化天然气、液化石油气、二氧化碳、液体酒精、液体无水氨和液体石油产品及无危险材料的水泥浆）管道运输系统的设计、材料、建筑、装配、检验和测试的要求；B31.8 燃气输配管道系统分部委员会下设有 4 个分组，编辑评论分组，设计、材料与施工分组，操作与维护分组，海底管道分组。规范与标准委员会下设 6 个标准制定监督委员会，标准制定监督委员会设有标准委员会，负责制定某领域标准。

三、ASME 标准工作程序

ASME 建立了标准制定程序，取得了 ANSI 认可，称为"ASME 和 ANSI 标准联合制定程序"，该标准制定程序具有公开、透明、利益均衡的特点。ASME 负责制定标准的部门是标准制定监督委员会，针对某项标准，标准制定监督委员会设有相应的标准委员会。ASME 标准制定工作程序遵循开放性原则，任何个人或组织都可以提出制定标准的需求，提出人或技术组起草标准草案，按照规定程序进行审议与表决，经过投票委员会表决同意后向社会公布、征求意见。此外还遵循相关利益方平衡原则，以及避免出现商业条款原则等。

（一）标准草案阶段

标准起草可成立项目组，在标准起草阶段应将有关内容提交标准委员会委员进行审查投票，反馈意见由秘书汇总，项目组负责处理。如果涉及关键内容的修改，还应把修改稿再次提交标准委员会委员审查投票，对于不能解决的问题要说明原因，提交标准委员会处理。

（二）审查投票阶段

ASME 标准草案的审查和投票周期为两周，表决方式有两种：一种是会议表决，参加

会议的标准委员会委员必须占半数以上，赞成票占 2/3 以上为通过；另一种是通信表决，通过网络、电话、传真、电子邮件等方式投票，所有标准委员会委员都应投票，赞成票占 2/3 以上为通过。

如投反对票，需要说明理由，并附上对标准草案的修改建议，否则按赞成但有意见处理。投票终止后，秘书汇总意见，发给项目组处理。项目组将每一条意见的处理情况进行说明，对于不能处理的意见附上原因提交标准委员会。经标准委员会投票通过的标准草案报理事会审议表决。标准制定委员会的所有会议均可免费参加，并向普通公众开放。

四、ASME 标准管理模式

ASME 规范和标准发行期间，通过出版物《增补》《解释》和《案例》提供自动更新服务。《增补》定期发布根据公开征询后反馈的意见和委员会处理意见进行了修订内容，《增补》中发布的修订内容应自《增补》发布日起 6 个月后生效；《解释》主要是针对 ASME 规范和标准技术条款的咨询，ASME 发表的解释的书面答复；ASME 定期将某些处理意见作为《案例》出版。《案例》不作为规范的正式修订内容，但可以作为委员会正在考虑的意见而用于技术规定或其他文件中。

ASME 标准化信息服务主要包括：

（1）标准：ASME 标准大部分纳入美国国家标准（ANSI）体系中；

（2）参与 ISO：ASME 承担国际标准组织 ISO/TC 185（过压保护安全装置）技术委员会秘书处工作，以及 ISO/TC 213（产品尺寸）、ISO/TC 29/ 第 10 工作组（小工具）等十几个委员会的标准制定工作；

（3）技术委员会：ASME 有 37 个技术委员会，负责提供信息技术支持，确保会员使用现行标准，随时了解最新的标准制定信息；

（4）ASME 主要出版物有《机械工程》《应用机械评论》《ASME 通信》、18 种翻译杂志及 ASME 专业委员会年会学术论文集等，其中《机械工程》和《ASME 通信》免费发给 ASME 会员；

（5）ASME 建立网上服务部，提供技术数据库、ASME 产品目录、技术论坛、机械工程新闻，开展全球范围关于机械工程开发和应用的技术交流。

五、参与 ASME 标准途径方式

ASME 的网站为 www.asme.org。ASME 提供了多种会员加入方式。

学生会员及普通会员可以直接在线填写申请表或网上免费下载申请表填写完成后连同个人简历发至 infocentral@asme.org 邮箱，或发邮件至该邮箱索要申请表。或电话至 1-800-THE-ASME（800-843-2763），北美以外地区至 973-882-1167 索要申请表，填写完成后连同个人简历寄至：

ASME International

22 Law Drive

Fairfield，NJ 07007−2900。

会员等级：

（1）荣誉会员：著名的拥有杰出工程成就的人员，由 ASME 国际委员会授予荣誉。

（2）研究员：达到会员等级，发展时是该协会的企业会员，负责重大工程成就，拥有不少于 10 年的实际经验及连续十年以上为 ASME 的企业会员。

（3）会员：应该具备在工程或任教方面不少于 8 年的经验。

（4）加盟：以为专业服务而参与的专业或个人。

（5）学生会员：在认可的工程或工程技术课程正式学习的大学本科生或研究生。其中有一类免费学生会员，仅限于大一新生或一年级的研究生，除了没有机械工程杂志外，该类会员拥有学生会员的所有权限，如想按月收到杂志，可以选择成为普通学生会员每年交 25$ 的会费。

会籍年份：每年 10 月 1 至次年 9 月 30 日为一个年份。若 12 月 31 日未收到会费，则会员身份无效，并终止一切服务直至缴纳会费。无效会员记录将保存 5 年。在这 5 年内任何时间若会员希望重新激活身份仅需支付当年会费即可。五年后激活则需重新填写申请表。

成为 ASME 会员后，可获得以下技术信息资源。

（1）规范与标准：超过 600 种工业规范与标准。

（2）ASME 电子图书馆：有 75 卷互动技术文献免费对会员开放。

（3）ME 杂志：可通过每月的期刊内容获取重要技术信息。

（4）期刊：22 种在线及打印的期刊。

（5）可参加技术课程与新技术研讨会。

（6）其他专业社团优惠会员资格。

（7）技术会议与会谈：与专家进行网络讨论，获取技术论文，学习新技术与产品。对会员打折。

（8）技术部门与学院：可加入五个你感兴趣的学科而不额外收费。可从 www.asme.org/Communities/Technical/ 网址获取社团名单。

（9）实践社团（CoP）：通过网络在线工具交流技术信息，讨论发展趋势并且可与有相同兴趣的会员会面。通过 www.cop.asme.org 可加入。

（10）本地会议：可见到所在区域的工程师，交流信息，召开技术会议，支持与指导当地的工程技术专业的学生。

（11）短期课程培训：超过 20 个技术领域的课程，会员可折扣。

（12）PE/FE 考试复习：通过 ASME 远程教育在家学习。

（13）公司内部培训：按公司需求设置课程。

（14）在线课程：超过 125 种课程，或利用 ASME 的虚拟校园的大学课程。

（15）新技术研讨会：研究生物加工技术，MEMS，纳米技术等。

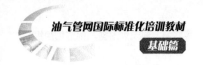

（16）ASME 工作公告栏：帮助你更有效寻找适合的工作。

（17）简历投递服务。

（18）工程管理认证：分基础与专业两种。

（19）职业中心：提供各种工作信息。

第五节　美国材料与试验协会 ASTM

一、美国材料与试验协会 ASTM 机构简介

美国材料与试验协会（American Society for Testing and Materials，ASTM）是世界上历史最悠久、最有影响力的国际标准机构之一，有 12800 多项标准在全球广泛应用，涉及从钢铁到可持续发展的几乎每一个行业。ASTM 标准具有很强的权威性、指导性和通用性。

ASTM 成立于 1898 年，总部设在美国宾夕法尼亚州费城，在美国华盛顿、中国北京、比利时布鲁塞尔、加拿大渥太华、秘鲁利马均设有办事处，全球现有员工约 210 人，同时拥有来自 125 个国家的 30000 名会员，设有 140 个技术委员会（Technology Committee，TC）、2200 个分技术委员会（Sub-Committee，SC）和数千个工作组（Work Group，WG），已出版 12000 多项标准。ASTM 标准分为六类：试验方法（Test Method）、标准规范（Standard Specification）、标准规程（Practice）、标准术语（Terminology）、标准指南（Guidance）和标准分类（Standard Classification）。ASTM 标准中 5000 个是试验方法，均包含精确度和偏差声明。

二、ASTM 标准组织机构

ASTM 国际标准组织的组织架构如图 6-1 所示：

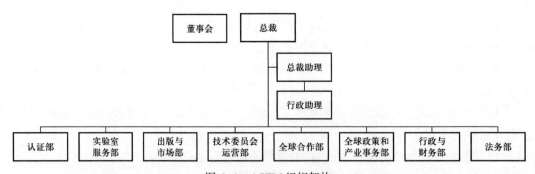

图 6-1　ASTM 组织架构

ASTM 技术委员会经董事会核准建立，包括一名主席、一名副主席、会员秘书和记录秘书，由制造商、消费者、学术界和政府代表组成，确保按照"协商一致"原则制定

标准，ASTM 与管道行业相关的技术委员会见表 6-9，在标准制定过程中可能出现协同工作的情形。技术委员会可划分多个更为具体明确的分技术委员会，负责标准的研制、维护、裁断权及解决特定工作范围的技术问题；分技术委员会下设若干工作组，仅在一定时期内存在，负责标准文本起草和编辑工作，允许非 ASTM 会员的个人加入（以技术专家名义）。

表 6-9　ASTM 与管道行业相关的技术委员会

代码	技术领域	技术委员会编号—名称
A	黑色金属	A01- 钢铁、不锈钢和相关合金
B	有色金属	B08- 金属和无机涂层
D	其他材料	D02- 石油产品和润滑剂；D09- 电子和电气绝缘材料；D18- 土壤和岩石；D19- 水；D22- 空气质量；D30- 合成材料；D32- 催化剂；D34- 废物管理
E	其他项目	E04- 金相学；E05- 消防标准；E07- 无损检测；E08- 疲劳和破裂；E20- 温度测量；E27- 化学品潜在危险；E28- 机械检测；E34- 职业健康与安全；E37- 热工测量；E50- 环境评估、风险管理与补救行动；E53- 资产管理体系；E56- 纳米技术
F	特殊材料	F03- 垫圈；F12- 安全系统和设备；F14- 护栏设施；F16- 紧固件；F17- 工人防触电设备；F20- 危险物质及油品泄漏应急措施；F23- 个人防护服与设备；F30- 紧急医疗服务；F32- 搜寻和营救
G	材料腐蚀	G01- 金属腐蚀；G02- 磨损和腐蚀；G03- 老化和耐用性；G04- 富氧环境中材料的兼容性和敏感性

三、ASTM 标准制修订程序

（一）ASTM 标准制定流程

ASTM 标准制定流程按步骤详述如下：

第一步：建议。任何个人和机构，不论是 ASTM 会员还是非会员，都可以向 ASTM 技术委员会、委员会经理或相关人员提交标准建议，建议要用英文拟就。

第二步：立项。ASTM 技术委员会根据市场需求和技术可行性决定是否接受建议并立项。一经确定立项，建议人在委员会经理的协助下在 ASTM 网站上进行立项注册，获得一个标准工作项号码（如 WK12345）。

第三步：标准起草。立项后，提议者必须负责标准的起草，可以独立完成也可以邀请其他志愿者共同完成，并且需要按照 ASTM 标准模板填入相应的标准内容完成起草。标准起草过程中，依据标准起草人的意见，可进行意见征求，也可不进行意见征求。

第四步：分委员会（SC）投票。标准草案起草完成后，提交到分技术委员会，开始进行第一轮投票。首先，委员会按照"一个利益相关方一个正式投票计数"原则，确定分技术委员会的正式投票计数的总数。其次进行计数，每次投票需要收到正式投票计数总数的 60% 回票，该次投票才算有效。之后再计数，如获得 2/3 的赞成票，则投票顺利通过，否则未通过，回到起草阶段重新起草。

第五步：技术委员会（TC）投票。分技术委员会投票通过后，技术委员会层面进行投票。首先，也是按照"一个利益相关方一个正式投票计数"原则，确定技术委员会的正式投票计数总数。其次进行计数，每次投票需要收到正式投票计数总数的 60% 回票，该次投票才算有效。之后再计数，如获得 90% 的赞成票，则投票顺利通过。否则未通过，回到起草阶段重新起草。

第六步：标准（审批）委员会审批。技术委员会层面的投票通过后，标准提交到 ASTM 标准委员会进行审议。此时，主要审议起草和投票的流程是否公开、公正、透明，是否有合理的申诉及其处理，否定票和反对意见是否解决等。

第七步：批准与发布。审议通过后，该标准便获得标准委员会的批准，并交由 ASTM 出版发布。

以上七个步骤构成完整的 ASTM 标准制定流程。这个流程严谨且灵活、高效且周全。在整个流程中，有一个特别的机制，即否定票及其反对意见的严肃处理过程，宽容又耐心，充分体现了协商一致的原则性与灵活性，贯穿整个流程的始终。ASTM 协商一致的投票流程如图 6-2 所示。

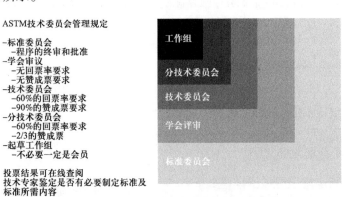

图 6-2 ASTM 协商一致的投票流程

（二）ASTM 标准制定流程的特点

ASTM 因其卓越的标准而闻名于世。ASTM 标准值得信赖且好用有效，全球众多行业乐于选择使用并参与其制定活动。ASTM 标准制定的公开流程和体系是 ASTM 核心竞争力所在，从而成就了其标准的优越性。ASTM 标准制定流程具有如下特点：

（1）开放参与。自 ASTM 成立之初，其标准制定活动就向全球开放，任何个人和组织都可以基于其自身兴趣和需要自愿参加。ASTM 从制定第一项标准时就有来自美欧亚的 70 多名专家参与，到今天 12000 多项标准由来自 150 多个国家的超过 30000 名专家制定和维护，无一不体现这种参与的开放性。

（2）程序透明。ASTM 的标准制定活动全过程公开透明，从建议、立项、起草、审议、投票、批准、发行的每一个环节都公之于会员和利益相关方。

（3）利益均衡。ASTM 按照其规章，将所有会员按照其代表的利益相关方分为两大部分，即生产商和非生产商（用户、消费者、一般利益代表）。再进一步规定，生产商一方的正式投票计数不得超过非生产商一方的正式投票计数。这样就规避了标准制定由具有强大技术优势的生产商一方所左右甚至垄断的情况发生，进而确保所制定的标准不出现利益偏倚。ASTM 标准制定流程的利益均衡如图 6-3 所示。

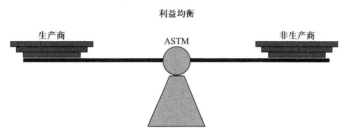

图 6-3　ASTM 标准制定流程的利益均衡

（4）协商一致。ASTM 赋予其每一个会员同等的话语权，不因会员的工种、职位、教育、经历的不同而区别对待。基于此，对技术委员会的设立、运行、管理、标准的制定程序进行了统一规定并严格执行。

（5）否定票。ASTM 非常重视否定票及其反对意见。任何一个会员个体或利益相关方代表都有三次机会就标准草案投出否定票并提出反对意见和申诉要求。第一次机会是在分技术委员会层面上投否定票；第二次是在技术委员会层面投否定票；第三次是在标准（审批）委员会层面提出申诉要求。技术委员会收到的任何否定票及其反对意见都可以中止投票流程，直至这一否定票得到解决。这一机制是 ASTM 区别于其他标准制定机构的主要特色之所在。

否定票有以下五种解决路径：

（1）撤销；

（2）撤销但做编辑修改；

（3）具有说服力；

（4）不具说服力；

（5）不相关。

对于否定票及其反对意见的处理，经充分沟通后，如果还存在异议，就需要通过投票的方式来裁定，采取 2/3 的少数服从多数模式 ❶。如在上述第 1、2、3、4 种情况下，投否

---

❶ 即正式投票计数中的 2/3 多数票决定否定票及其反对意见的处理结果。如果 2/3 赞成反对意见，即该投票结果的反对意见具有说服力，需要按照反对意见结果重新修改标准草案；如果 2/3 不赞成反对意见，即该投票结果的反对意见不被采纳，标准草案不用修改，继续进入下一轮流程。

定票者不同意协商结果，就需要通过投票裁定。当否定票出现上面第 3 种情况，即否定票具有说服力，此时正在投票中的标准项目必须撤出投票流程并作修改。待修改后，标准项目再次进入正式投票阶段。

ASTM 否定票及其反对意见的处理如图 6-4 所示。

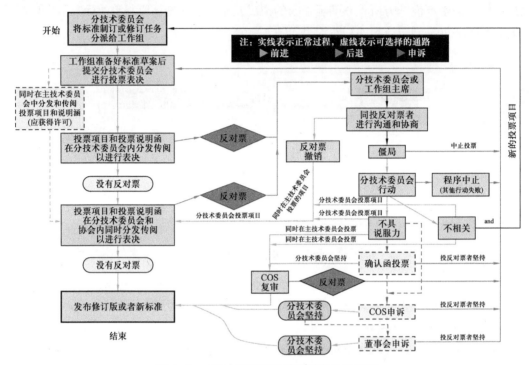

图 6-4　ASTM 否定票及其反对意见的处理

（三）ASTM 标准制定的原则

ASTM 承诺，严格遵循 WTO/TBT 关于制定国际标准的六大原则，即公开、透明、平等与协商、有效性和适用性、一致性、考虑发展中国家利益。

（1）公开原则。ASTM 国际标准组织的会员和参与标准制修订的活动均向全球的个人和机构开放。

（2）透明原则。ASTM 国际标准组织有关新标准制定、现行标准修订和标准发布的信息均会通过标准检索系统、在线新闻及其他在线工具和渠道向公众推送。

（3）平等与协商一致原则。ASTM 国际标准组织拥有强健的机制和流程以确保协商一致原则的践行，并制定了规章要求标准化技术委员会应平衡各利益相关方的投票权。

（4）有效性和适用性原则。市场驱动标准的需求。ASTM 标准是由市场来坚定的。审议频繁，与产业发展和创新步调一致。ASTM 标准以高技术品质和市场相关性享誉全球。世界上已有 75 个国家引用了数千项 ASTM 标准。

（5）一致性原则。ASTM 国际标准组织的员工和会员协同工作，以避免发生重复制定标准情况。以一种明智的方式进行分工协作，可以达成国际标准的工作目标。

（6）考虑发展中国家利益原则。ASTM 国际标准组织很好地认识到发展中国家的需要，这体现在全球合作项目上，与 100 多个发展中国家和地区的标准机构签订谅解备忘录（MoU）。ASTM 为发展中国家提供获取标准、参与标准制定过程和多种培训的机会。

四、ASTM 标准管理模式

（一）ASTM 的标准化模式

ASTM 采用平台运营模式，通过建立一个完整的标准制定流程，为各行业提供一个全球性论坛，在全球范围内满足行业和企业的标准需求。

ASTM 标准化模式，采用总裁负责制和会员参与制相结合模式，形成一个完整、闭环、灵活、有序的标准活动平台。该平台有两大标准活动功能板块：管理功能板块和标准制定功能板块。管理功能板块由总裁领导下的 200 多名员工承担，负责处理所有支撑和协助标准制定所需要的组织、协调和保障工作。标准制定功能板块，则交由来自世界 150 多个国家的 30000 多名会员专家来承担，他们自愿参与并负责 ASTM 标准的制修订工作。ASTM 国际标准化模式如图 6-5 所示。

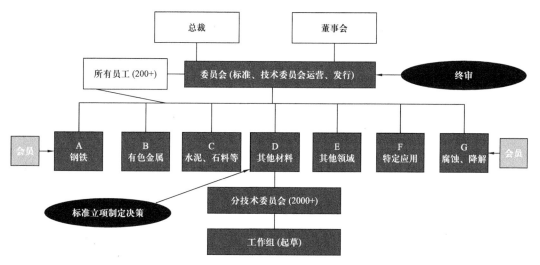

图 6-5　ASTM 国际标准化模式

（二）ASTM 的会员制度

ASTM 的标准制定活动，向全球所有国家、所有组织、所有个人开放。无论你是谁，来自哪里，只要对 ASTM 所涉足的标准领域感兴趣，就有资格成为会员并受到欢迎。目前，ASTM 拥有 30000 多名会员，包括个人、企业和政府代表，他们来自世界上 150 多个国家。成为 ASTM 会员的好处如下：从会员个人角度，它能够让会员与全世界的商业竞争者、客户和监管者在合作基础上进行互动，从代表了多类学科和不同机构的跨行业市场中获益，快速获得标准信息，在会员所属行业持续提升影响力，紧跟日趋重要的标准化世界最新发展步伐，参与整个领域所使用的标准文件的起草工作。从会员所代表的组织角度，可以了解行业和整个产业链动态，理解监管需要，发现潜在客户，跟进技术进步和发掘创新思想，把握市场方向，有助于企业提升全球市场影响力。

ASTM 会员包含下面四种类型：

第一，参与会员。参与会员为选择加入 ASTM 技术委员会的个人。他们积极参与 ASTM 新标准的制定和现行标准的修订工作。这项工作在一个独特的专业环境下完成，由来自全世界的顶级专家在协作的氛围里通过表达并传递他们各自的兴趣来共同营造环境氛围。通过直接参与 ASTM 标准编写过程，会员亲身参与位于世界前沿的新趋势和新技术的标准制定工作。参与会员可免费获赠一卷 ASTM 标准年鉴，免费赠阅全年 ASTM 杂志《标准化新闻》和每月的 ASTM 电子新闻，优惠购买 ASTM 出版物并享受优惠的会议注册费。参与会员每年会费为 75 美元。

第二，信息会员。信息会员对 ASTM 标准及相关技术信息感兴趣。信息会员可以获得来自 ASTM 的标准动态通知，但不参与委员会的标准编制工作。信息会员同样可获得免费赠阅的全年 ASTM 杂志《标准化新闻》和每月的 ASTM 电子新闻，优惠购买 ASTM 出版物并享有优惠的会议注册费。信息会员每年会费为 75 美元。

第三，团体会员。团体会员了解 ASTM 国际标准组织的价值以及 ASTM 通过协商一致性标准为行业所做的贡献。团体会员深知他们所支持的标准工作不仅服务于公共利益，而且有助于其雇员的成长、行业的发展和国际贸易的增长，他们对此非常满意。团体会员可免费获赠一卷 ASTM 标准年鉴，其单位徽标及简要信息可免费列入 ASTM 团体会员名录。团体会员可获赠全年 ASTM 杂志《标准化新闻》和每月的 ASTM 电子新闻，优惠购买 ASTM 出版物并享有优惠的会议注册费。团体会员每年会费为 400 美元。

第四，学生会员。学生会员是对 ASTM 标准工作感兴趣的全日制本科生或研究生。学生会员可以收到电子版的 ASTM《标准化新闻》杂志和每月的 ASTM 电子新闻，免费参加 ASTM 研讨会，参与 ASTM 组织的学生竞赛活动，毕业后可享受优惠会员费，ASTM 学生会员免会员费。

（三）ASTM 技术委员会

ASTM 作为世界上最大的国际标准组织制定机构之一，为企业、政府和个人提供一个公开、透明的协作平台。ASTM 具有强大行业渗透能力，为 90 多个行业设立了 140 多个技术委员会，这些委员会通过使用 ASTM 的标准制定平台技术和创新工具将标准呈现给全球市场，有些标准的最短制定周期仅需 6 个月。这样，来自世界 150 多个国家的生产商、用户、消费者和大众利益代表等众多利益相关方就有了在各自的领域里充分发挥其智慧和领导力的平台，并依托这一平台制定自愿性协商一致性标准。ASTM 技术委员会涵盖以下领域（见图 6-6）。

ASTM技术委员会

黑色金属

A01 钢、不锈钢与相关合金
A04 铁铸件
A05 镀层钢铁制品
A06 磁性材料

有色金属

B01 电导体
B02 有色金属及合金
B05 铜及铜合金
B07 轻金属及合金
B08 金属和无机涂层
B09 金属粉末和金属粉末制品
B10 活性、高熔点金属及合金

胶凝、陶瓷、水泥的砌筑材料

C01 水泥
C03 耐化学腐蚀的非金属材料
C04 釉面陶土管
C07 石灰
C08 耐火材料
C09 混凝土及混凝土骨料
C11 石膏及相关建材和系统
C12 块体砌筑用灰浆及水泥浆
C13 混凝土管
C14 玻璃及玻璃制品
C15 预制水泥砌块
C16 隔热
C17 纤维增强水泥制品
C18 规格石料
C21 卫生陶瓷及相关制品
C24 建筑密封及密封剂
C26 核燃料循环
C27 预制混凝土制品
C28 现代技术陶瓷

其他材料

D01 油漆和相关涂料、材料及应用
D02 石油产品和润滑剂
D03 气体燃料
D04 道路和铺路材料
D05 煤和焦炭
D07 木材
D08 屋顶及防水
D09 电气及电子绝缘材料
D10 包装
D11 橡胶
D12 肥皂及其他洗涤剂
D13 纺织品
D14 黏合剂
D15 发动机冷却液及相关液体
D16 芳香烃及相关化学制品
D18 土壤及岩石
D19 水
D20 塑料
D21 抛光剂
D22 空气质量
D24 碳黑
D26 卤化有机溶剂和灭火剂
D27 电绝缘液体及气体
D28 活性碳
D30 复合材料
D31 皮革
D32 催化剂
D33 发电设备防护涂层和内衬装置
D34 废弃物管理
D35 土工合成材料

其他

E01 金属、矿石及相关材料的分析化学
E04 金相
E05 防火标准
E06 建筑物性能
E07 无损检测
E08 疲劳和断裂
E10 核技术和应用
E11 质量和统计
E12 颜色和外观
E13 分子光谱和分离科学

E15 工业及专用化学品
E17 车辆—铺路系统
E18 感官评价
E20 温度测量
E21 空间技术的空间模拟与应用
E27 化学品的潜在危险
E28 机械检测
E29 粒子和喷雾特性
E30 法医学
E31 卫生保健信息学
E33 建筑及环境声学
E34 职业健康与安全
E35 杀虫剂、抗菌剂和其他替代控制剂
E36 认证认可机构的资质和运营
E37 温度测量
E41 实验室设备
E42 表面分析
E43 国际单位制（SI）惯例
E44 太阳能、地热能和其他可替代能源
E48 生物质能源和生物质工业化学品
E50 环境评估、风险管理和纠正措施
E52 司法鉴定心理学
E53 资产管理系统
E54 国土安全应用
E55 药品和生物药品制造
E56 纳米技术
E57 3D成像系统
E58 法医工程
E60 可持续发展
E61 辐射加工
E62 工业生物技术
E63 人力资源管理

制定应用材料

F01 电子
F02 阻隔性软包装材料
F03 衬垫
F04 医用及外科材料和器械
F05 商用成像产品
F06 弹性地板覆盖物
F07 航空与飞行器
F08 运动器材、运动场地和设施
F09 轮胎
F10 家畜、肉类和家禽评价系统
F11 真空清洁设备
F12 安全系统和设备
F13 行人/人行道安全和鞋类产品
F14 防护栅栏
F15 消费品
F16 紧固件
F17 塑料管道系统
F18 工人用电气防护设备
F20 危险物质及油泄漏的应对
F23 人员防护服和防护设备
F24 游乐设施和设备
F25 船舶及航海技术
F26 餐饮服务设备
F27 滑雪
F29 麻醉及呼吸设备
F30 急救医疗服务
F32 搜寻和营救
F33 拘留所和监狱用设施
F34 滚动轴承
F36 技术和地下管线设施
F37 轻型运动飞机
F38 无人驾驶飞行器系统
F39 飞机系统
F40 材料中应申报物质
F41 海上无人驾驶系统（UMVS）
F42 增材制造技术
F43 语言服务和产品
F44 通用航空飞机
F45 无人驾驶自操控工业机车
F46 航空航天从业人员

材料的腐蚀、老化和降解

G01 金属腐蚀
G02 磨损与腐蚀
G03 老化和耐久性
G04 富氧环境中材料的兼容性和敏感性

图6-6 ASTM技术委员会列表

（四）ASTM 七种工具和资源

ASTM 所提供的七种工具和资源能够让 ASTM 标准使用者获得最大竞争优势。

（1）ASTM 指南针（Compass）。ASTM 指南针是个一站式网络平台，可以让企业员工随时随地获取所需标准内容，为企业量身定制相关标准需求。它能够让管理和维护标准比以往任何时候都更快速和高效，为使用最新标准、应用最新研究提供保障。

（2）标准制定和会员。ASTM 会员通过参与制定世界广泛使用的一流标准，同业界同仁们、竞争者和消费者形成工作网络。丰富的人脉资源，是 ASTM 会员能够长时间参与标准活动的首要原因。会员通过参与标准制修订工作，可以承担标准活动领导者职责，还可以同世界顶级技术专家和商业人才建立联系，进而促进自身的专业发展。

（3）培训和学习。仅遵循标准是不够的，要确保员工理解标准并始终做到标准合规，这需要通过标准起草专家的指导来实现。ASTM 可提供在线学习、现场培训、开放课程等灵活的企业定制培训选项。目前，每年有 1500 人次参加 ASTM 的 100 余项培训课程。

（4）实验室能力验证项目（PTP）。PTP 项目是通过第三方专业确认来评鉴、改进、记录实验室员工的专业能力。ASTM 提供跨多行业的 45 个不同 PTP 项目，包括石油、混凝土、金属、塑料、纺织品等。开展 25 年来，已有 4600 多家实验室参与了这个项目，其中 52% 是国际参与。帮助成千上万家实验室评估、提高和记录其试验能力。

（5）ASTM 标准集成器。ASTM 本身拥有一个出色的标准制定平台，这一平台允许全世界的用户对标准草案发表意见、进行投票，在此基础上，又进一步开发了 ASTM 标准集成器，并使其成为一个适用于不同规模企业的、独特的用户友好型在线协作工具，企业可以轻松使用它来生成和维护内部标准、规范和条例，全年无休、24 小时在线模式为企业节省了时间和资源。

（6）认证。2010 年，ASTM 开始开发认证项目。2016 年，ASTM 并入安全设备协会（SEI）作为其子公司来统一运营认证项目。SEI 通过与检测实验室和质量审核员共同协作，对世界上 150 多个厂家的成千上万种产品进行认证。这些产品包括头盔（工业、运动和警用 / 暴乱相关的）；防护眼镜、防护面具、紧急洗眼装置；防坠落设备；消防设施、配套呼吸装置和热感相机；有害材料和应急医疗防护服；防护鞋；体育器材（护颈、手套、长曲棍球、马术手套、攀爬设备和垒球）；美国农业部生物基产品标签。

（7）国际实验室名录。通过提升服务、同全球顶级标准专家建立联系来扩大业务范围。如果客户需要找到一个实验室或是推广客户自己的实验室，那么 ASTM 全球实验室名录就是一个好资源。客户可以通过独一无二的全球实验室名录列表，来拓展业务并被成千上万的潜在客户搜索到。这个名录每年有将近 6 万次访问量。

（五）ASTM 与中国的合作

ASTM 全球合作事务，主要是围绕 ASTM 标准能够更广泛在全球使用和全球更多利益相关方加入 ASTM 参与标准制修订。为此，ASTM 于 2001 年启动了"谅解备忘录（MoU）"项目。参与标准制定的全球准入，是 ASTM 谅解备忘录项目的关键内容。至今，ASTM 与 100 多个国家或地区的标准化机构签订了 MoU。如果某一国家或地区的标准机构是 ASTM 的 100 多个 MOU 签署方之一，该机构就可以免费成为 ASTM 投票会员。MOU 签署国获得多项免费服务，包括加入委员会成为会员、获赠一整套 ASTM 标准、免费培训、学习交流项目等。得益于 MoU 项目，世界上已有近 80 个国家引用或采用了 6000 多项 ASTM 的标准作为其法规或国家标准的基础，ASTM 有50% 以上的标准在美国以外的国家和地区销售，目前拥有来自 150 多个国家 8000 多名国际会员。

ASTM 很多标准还被翻译成多种不同语言，会员和客户在 ASTM 网站的特别专区可以用本国语言找到如何使用我们的产品和服务信息。目前俄文和西班牙文的微型网站已经建立并开始提供服务，其他语言网站正在建设中。

ASTM 国际标准组织与中国的合作长期存在。这首先表现在 ASTM 标准多年来在中国得到众多行业的关注和应用。其次，中国专家对 ASTM 标准制定活动的参与程度较高。ASTM 长期以来一直致力于制定满足包括中国市场在内的全球市场的国际标准，吸收中国市场的技术元素进入 ASTM 国际标准体系是 ASTM 与中国各行业进行合作的重要方向之一，通过邀请中国专家成为 ASTM 会员、鼓励他们实质性参与 ASTM 的国际标准制定活动是 ASTM 国际标准体系吸收中国市场技术元素最重要的路径。ASTM 也鼓励中国企业更多使用 ASTM 标准，以期待更好地为中国经济全球化及中国企业参与全球市场合作与竞争服务。以下通过年代顺序展现的是 ASTM 在中国半个世纪的发展历程。

- 50 年代——ASTM 标准应用于中国大陆的研究领域。科研人员、专家学者通过香港购买获得 ASTM 标准，用于日常研究工作。
- 60 年代——ASTM 标准应用于中国大陆的制造业，如钢铁、炼油等行业开始将 ASTM 标准应用于生产制造。
- 70 年代——ASTM 标准应用的范围在中国大陆日趋扩大。
- 1978 年始——ASTM 标准在中国大陆开始大量应用到设计、生产和制造中，从纺织轻工、家电、建筑到机械制造。
- 1989 年——ASTM 代表团第一次访问中国大陆，与主管标准化工作的政府官员和专家进行了卓有成效的会谈。这次访问具有里程碑意义。
- 1991 年——ASTM 与中国标准化协会（CAS）合作出版发行《ASTM 标准化新闻》杂志中文版。
- 2002 年——ASTM 与上海质量和标准化研究院（SIS）、中国标准出版社（SPC）合作出版发行《ASTM 工程科技辞典》中文版。
- 2003 年——ASTM 分别与上海质量和标准化研究院（SIS）、中国标准化研究院（CNIS）签订合作协议，正式授权其进行 ASTM 标准分销及会员发展。
- 2004 年——ASTM 与中国国家标准化管理委员会（SAC）签订谅解备忘录，每年赠送一套完整的 ASTM 标准用于制定中国国标。

- 2005 年——ASTM 国际标准组织同美国机械工程师协会（ASME）、美国石油协会（API）和加拿大标准协会美国分会（CSA America），在美国商务部和中华人民共和国质量监督检验检疫总局的支持下，在北京成立标准与合格评定联盟。

- 2006 年——ASTM 董事会在北京召开，同时与中国国家标准化管理委员会、中国国家认证认可委员会、建设部、中国食品药品监督管理局、中国民用航空总局等政府部门及各研究院所、行业协会、大学等机构举行了会谈。

- 2006 年——ASTM 国际标准组织中国办事处在北京成立。

- 2006 年——ASTM 在中国标准化研究院的支持下开通了 ASTM 中文微型网站。在此基础上，ASTM 目前已建成多语言迷你网站，包括中文，可以统一在 www.astm.org 上登录查询。

- 2007 年——ASTM 与中国国家标准化管理委员会签订 ASTM 标准采用协议，包括中国国标采用过程中的标准翻译事宜，作为双方 2004 年签订的谅解备忘录（MoU）的补充协议。

- 2009 年——ASTM 与中国标准化研究院签订了补充合作协议，双方开始合作翻译和发行 ASTM 标准中文版。

- 2009 年——中国企业开始向 ASTM 的多个委员会提出标准立项建议，并开始主导标准的制定。

ASTM 与中国的合作取得了显著成果。截至目前，ASTM 已与中国国家标准化管理委员会、中国标准化协会、中国标准化研究院、上海质量和标准化研究院，以及行业协会、研究机构、学校、企业、地方标准化机构建立合作伙伴关系。1000 多项 ASTM 标准被采用为中国国家标准，数千项 ASTM 标准被采用为中国行业标准，众多行业广泛使用 ASTM 标准参与全球经济贸易。500 名中国专家成为 ASTM 会员，分别在 110 个委员会中参与标准制定活动。ASTM 在中国开展了纺织品标准、玩具安全标准、环境标准等培训项目。中国企业提出并主导的 ASTM 标准建议和制修定项目共有 30 多项，包括建筑物外墙保温技术及其系统、石油产品检测方法、3D 打印、新金属材料、复合材料等，其中已有近 20 项标准已经发布，其余的正在制定中。

第六节　国际材料性能与防护协会 AMPP

一、国际材料性能与防护协会 AMPP 机构简介

国际材料性能与防护协会（Association For Materials Protection And Performance，AMPP）。国际材料性能与保护协会是材料失效与保护领域最大的国际组织，由国际腐蚀工程师协会（NACE International）与美国防护涂料协会（SSPC）于 2021 年合并而成，目

前拥有来自全球 130 余个国家超过 35000 名会员，AMPP 总部位于美国，在休斯敦和匹兹堡设有办事处，并在巴西、加拿大、中国、迪拜（培训中心）、马来西亚、沙特阿拉伯和英国设有办事处。AMPP 旨在通过全球会员的积极参与、专业培训及认证和资质认可、技术创新和全球化标准的制修定等，推动腐蚀控制和防护涂层领域的技术创新与工程应用。

AMPP 的主要活动包括综合性年会和技术培训，AMPP 年会暨展会是规模最大、内容最丰富的行业大会，主要包含一系列技术研讨会、互动论坛、标准会议、学生海报竞赛、展览及各种社交活动等。AMPP 开展多样化的培训，主要包含阴极保护（Cathodic Protection）技术课程与认证、涂层检测（Coating Inspection）课程与认证、通用涂料（General Coatings）课程与认证和一般腐蚀（General Corrosion）课程与认证等。AMPP 已获得国际继续教育与培训协会（IACET）的授权，其有权为符合 ANSI/IACET 标准的课程提供 IACET CEU。

AMPP 腐蚀防护与涂装标准的发布与更新，旨在顺应行业的标准化需求和发展，确保行业持续关注新技术、新材料和新法规所带来的影响。AMPP 标准委员会（SC）负责制定、发布和维护需要共识流程的所有 AMPP 产品，包括标准、技术报告、指南和合格检验程序，内容涵盖表面处理、防护涂料施工、质量保证及腐蚀预防与控制的方方面面。标准委员会成员均为行业专家，致力于提供专业平台，促进专题知识分享，扩展专业技能与领域。

二、AMPP 标准组织机构

AMPP 标准通过设定阈值、建立程序及推动一致性和改进来帮助推动和提高行业水平。目前，AMPP 共设立了 26 个标准委员会（见图 6-7），包括 SC 01 阴极 / 阳极保护、SC 02 外部涂层—大气、SC 03 外部涂层—埋入式和浸入式、SC 04 衬里和内部涂层、SC 05 表面处理、SC 06 过程工业、SC 07 国防与航空航天、SC 08 金属材料选择与测试、SC 09 非金属、SC 10 资产完整性管理、SC 11 电力、SC 12 混凝土基础设施、SC 13 腐蚀监测与测量、SC 14 石油和天然气—上游、SC 15 管道和储罐、SC 16 石油和天然气—下游、SC 17 铁路与陆路运输、SC 18 水与废水、SC 19 海事、SC 20 内部腐蚀管理、SC 21—采矿和矿物加工、SC 22 生物退化、SC 23 涂层系统应用、维护和检查、SC 24 环境健康与安全（EHS）/ 法规、SC 25 认证标准、SC 26 碳捕获、替代燃料和储能。

三、AMPP 标准制修订程序

AMPP 标准制定过程遵循公开性、透明性、协商一致性的原则，分成八个阶段：第一草案；第二草案；第三草案；专业委员会评议；专业组书面投票；专业委员会书面投票；AMPP 技术委员会书面投票表决；董事会通过。流程简述如下。

（一）编写草案

（1）组建任务组，通过电子邮件或者电话会议形式形成草案；

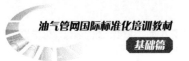

	Committee Code	Name/Description
Join	SC 01	**Cathodic/Anodic Protection** Develops and maintains standards, guides and reports addressing corrosion control and mitigation utilizing cathodic or anodic protection.
Join	SC 02	**External Coatings—Atmospheric** Develops and maintains standards, guides and reports for coatings utilized in environments exposed to the atmosphere.
Join	SC 03	**External Coatings—Buried & Immersed** Develops and maintains standards, guides and reports for external coatings of materials, equipment, and structures in direct contact with salt water, fresh water, or soil environments.
Join	SC 04	**Linings & Internal Coatings** Develops and maintains standards, guides and reports for linings and internal coatings commonly used in specialized internal environments such as steel tanks, pipelines, and vessels to protect from corrosion and/or chemical attack.
Join	SC 05	**Surface Preparation** Develops and maintains standards, guides, and reports for preparing surfaces in order to increase adhesion to coatings and linings.
Join	SC 06	**Process Industries** Develops and maintains standards, guides and reports for corrosion prevention and control in process industries such as chemicals, pulp, paper, and biomass, pollution control, and waste processing, High temperature applications utilized in these Industries are also addressed.
Join	SC 07	**Defense & Aerospace** Develops and maintains standards, guides, and reports for corrosion prevention and control of assets used by the military and aerospace. Includes weapons systems, vehicles, aircraft, facilities, spacecraft, and other equipment used by the military or the aerospace industry.
Join	SC 08	**Metallic Material Selection&Testing** Develops and maintains standards, guides, and reports for corrosion testing of metallic materials as well as methods of selection for metallic materials in specific environments.
Join	SC 09	**Non-metallic** Develops and maintains standards, guides and reports for the mitigation and control of corrosion in non-metallic materials including composites (polymer matrix, metal matrix, and ceramic matrix), polymers (the rmoplastics and thermosets), and ceramlcs.
Join	SC 10	**Asset Integrity Management** Develops and maintains standards, guides, and reports related to the management of the long-term ability of assets to perform their required function effertivety and efficiently in the presence of a corrosive environment.
Join	SC 11	**Electric Power** Develops and maintains standards, guides, and reports to facilitate identification and resolution of corrosion-related problems with materials in various energy generation and delivery systems; wind, nuclear, solar, fossil fuel, hydro, renewables, radioactive liquid storage and transfer systems, and in the utflization of geothermal resources.
Join	SC 12	**Concrete Infrastructure** Develops and maintains standards, guides and reports to disseminate information on the effectiveness of various corrosion protection systems for construction and rehabilitation of reinforced concrete infrastructure and on the methodology for the evaluation of reinforced and pre-stressed structurres.
Join	SC 13	**Corrosion Monitoring&Measurement** Develops and maintains standards, guides and reports that provide monitoring, testing and measurement procedures for corrosive environments or materials in contact with those environments.
Join	SC 14	**Oil and Gas-Upstream** Develops and maintains standards, guides and reports for upstream dealing with the mitigation and control of corrosion in the exploration and production of oil and gas.
Join	SC 15	**Pipelines&Tanks** Develops and maintains standards, guides, and reports for best engineering practices for the prevention and control of externa and internal corrosion of pipelines and tanks.
Join	SC 16	**Oil and Gas-Downstream** Develops and maintains standards, guides, and reports dealing with the mitigation and control of corrosion in the refining, gas processing, and distribution of oil and gas.
Join	SC 17	**Rail&Land Transportation** Develops and maintains standards, guides, and reports to promote the development of techniques to extend the life of rail and land transportation equipment.
Join	SC 18	**Water & Wastewater** Develops and maintains standards, guides, and reports related to the production or use of steam, water and wastewater in all industrial systems.
Join	SC 19	**Maritime** Develops and maintains standards, guides, and reports for corrosion prevention and control for ships, structures and equipment and any assets that touch a body of water.
Join	SC 20	**Internal Corrosion Management** Develops and maintains standards, guides, and reports for the detection, prevention, and mitigation of internal corrosion of pipelines, tanks, and vessels, Prevention includes controlling the internal environment and/or chemical treatment.
Join	SC 21	**Mining & Mineral Processing** Develops and maintains standards, guides, and reports for corrosion prevention and control in the mining and mineral processing industry.
Join	SC 22	**Biodeterioration** Develops and maintains standards, guides, and reports for measuring, monitoring, and mitigating biodeterioration in engineered systems and assets.
Join	SC 23	**Coating System Application, Maintenance, and Inspection** Develops and maintains standards, guides, and reports related to coating application, maintenance, and inspection processes and procedures.
Join	SC 24	**Environmental Health and Safety (EHS)/Regulatory** Develops and maintains standards, guides, and reports related to relevant health, safety and environmental protection topics and federal regulations during surface preparation and coating application processes
Join	SC 25	**Accreditation Standards** Develops and maintains standards, guides, and reports related to corporate accreditation and craft worker certification in materials protection and performance industries.
Join	SC 26	**Carbon Capture, Alternative Fuels, and Energy Storage** Develops and maintains standards, guides, and reports related to materials protection and performance in carbon capture, utilzaton and storage and in alternative fuel and energy storage technologies including hydrogen, biofuels, non-fossil and low-carbon fuels, thermal and chemical energy storage, and related technologles.

图 6-7　AMPP 标准委员会

（2）任务组对草案达成一致，草案提交 AMPP 总部，审查是否符合 AMPP 体系要求，返回任务组，等待进一步审批。

（二）对草案进行投票

（1）任务组将标准草案发送到 AMPP 所有成员和相关技术小组征求意见，针对标准草案修改意见进行投票；

（2）投票人名单在 AMPP 网站公布，非 AMPP 会员也可以联系技术部门参加投票，可获取在线密码投票，或者进行纸张投票；

（3）审查投票者类型，确保单类型投票者不占大多数，例如生产商，确定有效投票人名单；

（4）标准草案提交出版委员会（RPC）和技术协调委员会（TCC）进行编辑审查；

（5）投票时间四周，标准草案通过需要 2/3 的赞成票，其中不包括弃权票。

（三）反对票的处理

（1）工作组审查反对票意见，决定标准草案是否进行修改，没有明确意见的反对选票不予考虑；

（2）反对票投票人会收到针对反对意见的处理结果，如果标准草案进行了修改或者工作组对该问题进行了合理解释，投票人撤回反对票；

（3）反对票投票人撤回选票后，需要表示是否继续修改还是赞成标准草案；

（4）在专业委员会会议上，标准草案进行一次公开审查；

（5）工作组汇报针对标准草案的修改意见，以及针对反对意见的处理结果。

（四）新一轮修改及投票

（1）如果仍存在反对票没有解决，或者标准草案发生技术性变更，标准草案将重新进行投票；

（2）如果投票人不改变立场，第一轮赞成票予以保留，通过第二轮需要 90% 以上的赞成票，不包括弃权票；

（3）如果达不到 90% 通过率，工作组可能将处理更多的反对票，直至达到 90% 的通过率。

（五）批准

标准草案经过委员会、专业委员会、技术委员会和技术协调委员会的审查后，提交董事会征求批准。

AMPP 标准一般每 5 年进行一次审查，确认标准继续施行、修订或者废止，AMPP 标准审查修订流程与标准制定流程相同。

四、参与 AMPP 标准途径方式

（一）成为个人会员

访问 AMPP 官网 www.ampp.org，点击右上角 Login，输入用户名和密码进行登录，首次访问网站需先注册 AMPP 账号（图 6-8）。

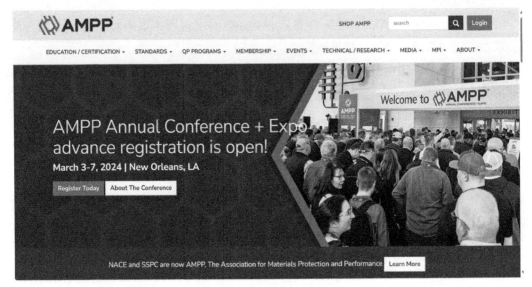

图 6-8　AMPP 官网

进入个人主页后点击 Membership（图 6-9）。

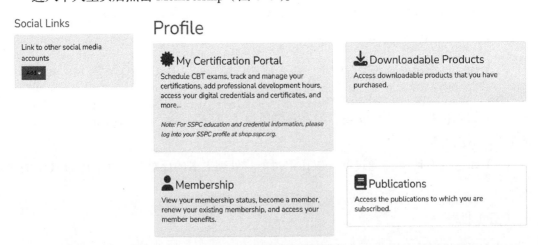

图 6-9　AMPP 个人主页

页面跳转后，将看到目前还不是 AMPP 会员的状态，如需加入成为 AMPP 个人会员，或者需要办理个人会员续期，请点击"Join today！"（图 6-10）。

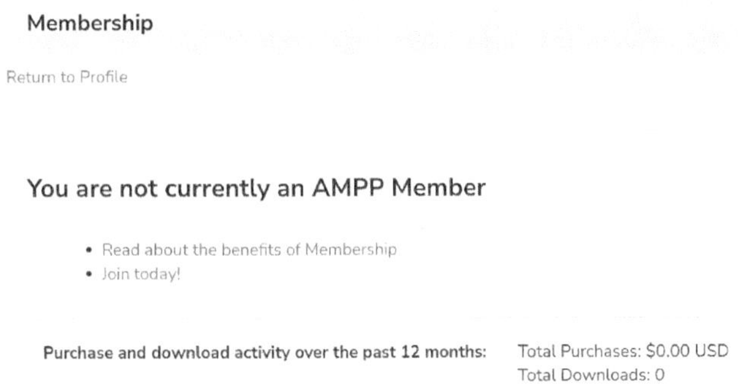

Membership
Return to Profile
You are not currently an AMPP Member
Read about the benefits of Membership
Join today!
Purchase and download activity over the past 12 months:
Total Purchases: $0.00 USD
Total Downloads: 0

图 6-10 AMPP 加入个人会员界面

在按照需求做出选择后，点击“Proceed to Checkout”（图 6-11）。

Policies
Membership dues are nontransferable and nonrefundable. Membership benefits are nontransferable.
By applying for membership or renewing membership, you agree to abide by:
Code of Ethics for members
Policies and Procedures as established by the Board of Directors.
Privacy Policy
By clicking the Proceed to Checkout button, you agree to these policies.
Upon clicking the Checkout button you will be redirected to the AMPP Store to complete your membership purchase.
Proceed to Checkout

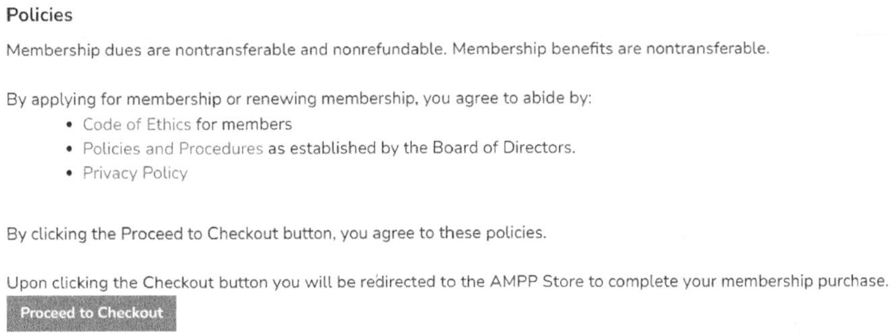

图 6-11 AMPP 加入个人会员确认界面

（二）加入标准委员会

进入官方网站后，点击 Standards 下拉菜单中的 Join A Standards Committee（图 6-12）。

EDUCATION / CERTIFICATION
STANDARDS
QP PROGRAMS
MEMBERSHIP
EVENTS
TECHNICAL / RESEARCH
MEDIA
MPI
ABOUT
STANDARDS
About Standards
Get Standards
Get Reports
Join A Standards Committee
New Standards Projects
Standards Resources
Popular Standards by Industry
Workspace
AMPP
Register Today
About The Conference
NACE and SSPC are now AMPP, The Association for Materials Protection and Performance
Learn More

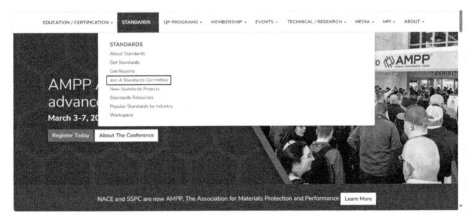

图 6-12 AMPP 加入标准委员会

界面将会跳转至 AMPP SC 列表，如图 6-7。可以根据所从事的领域选择一个或多个 SC 点击 Join 加入（图 6-13），成功加入 SC 之后，将收到相应 SC 标准委员会发来的讨论邮件。

Join	SC 23	Coating System Application, Maintenance, and Inspection Develops and maintains standards, guides, and reports related to coating application, maintenance, and inspection processes and procedures.
Join	SC 24	Environmental Health and Safety (EHS)/Regulatory Develops and maintains standards, guides, and reports related to relevant health, safety and environmental protection topics and federal regulations during surface preparation and coating application processes
Join	SC 25	Accreditation Standards Develops and maintains standards, guides, and reports related to corporate accreditation and craft worker certification in materials protection and performance industries.
Join	SC 26	Carbon Capture, Alternative Fuels, and Energy Storage Develops and maintains standards, guides, and reports related to materials protection and performance in carbon capture, utilzaton and storage and in alternative fuel and energy storage technologies including hydrogen, biofuels, non-fossil and low-carbon fuels, thermal and chemical energy storage, and related technologles.

图 6-13　AMPP 选择参与标准委员会

（三）出版发行

作为 AMPP 的权威出版物《材料性能》（Materials Performance，MP），每月发行一次，发行量超过 37000 本，是全球材料行业最具影响力的出版物之一。可通过杂志网站（https：//materialsperformance.com/）查阅最新杂志，了解 AMPP 标准制定及修订的最新信息（见图 6-14）。

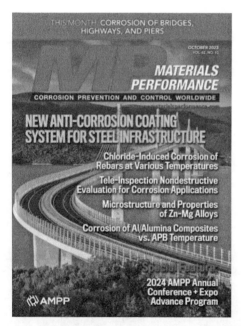

图 6-14　MP 杂志与官方网站

（四）AMPP 标准的获取途径

可通过点击官方网站中"STANDARDS"选项中的"Get Standards"进入相关标准获取界面（图 6-15）。

进入出版物获取界面后，选择"Standards"选项，即可将所需标准加入购物车，以备购买或者可以对标准进行在线下载（见图 6-16）。

图 6-15　AMPP 标准获取途径

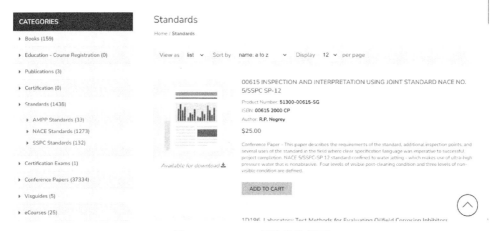

图 6-16　AMPP 标准获取界面

🔍 本章要点

本章对国际标准化组织和油气管道国际标准化活动相关组织的工作程序、管理模式进行介绍，需掌握的知识点包括：

➤ ISO、IEC 的组织机构、工作程序与管理模式；

➤ 美国石油学会（API）、美国机械工程师协会（ASME）、美国材料与试验协会（ASTM）和材料性能与防护协会（AMPP）的组织机构、工作程序与管理模式及其在油气管道国际标准化活动中的作用。

第一节　油气管道国际标准发展现状

　　油气管道标准数据库是 2022 年由国家石油天然气管网集团有限公司科学技术研究总院标准化研究中心创建，包括 ISO、IEC、API、ASME、AMPP、ASTM 共 6 个标准机构制定发布的油气管道标准数据，目的是为检索包括油气管道、LNG 接收站、储气库及二氧化碳、氢气输送、智慧管道等各特定领域的标准数据提供数据基础，内容涵盖基础性、工程设计、工程材料、工程施工、运行、自动化、计量、节能、通信、测试、维抢修、腐蚀与防护、完整性管理、设备运行维护、职业健康与个人防护、安全、消防、环保等相关标准。标准数据总量为 3883 项，包括 1282 项 ISO 标准，634 项 IEC 标准，710 项 API 标准，151 项 ASME 标准，1007 项 ASTM 标准，98 项 NACE 标准，1 项 AMPP 标准。

一、标准的发布年代与标龄

　　分析标准发布年代与标龄可以了解标准的年度制定数量情况及标准的应用时间长短情况，从而为分析标准的年度发展情况与标准的适用性提供依据。

（一）标准的发布年代分布

　　对所有现行标准的发布年代进行统计分析，按年度统计标准数量，标准发布年代分布如图 7-1 所示，统计结果如表 7-1 所示。

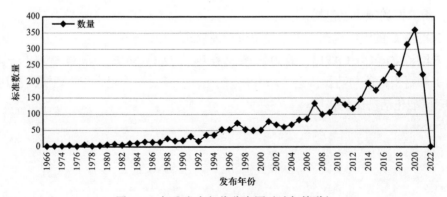

图 7-1　标准发布年代分布图（油气管道）

表 7-1　年度标准数量表（油气管道）

发布年份	数量	百分比
1990 年及以前	166	4.28%
1991	32	0.82%
1992	17	0.44%
1993	36	0.93%
1994	36	0.93%
1995	53	1.36%
1996	53	1.36%
1997	73	1.88%
1998	53	1.36%
1999	50	1.29%
2000	51	1.31%
2001	78	2.01%
2002	68	1.75%
2003	61	1.57%
2004	68	1.76%
2005	83	2.14%
2006	86	2.21%
2007	134	3.45%
2008	100	2.58%
2009	106	2.73%
2010	144	3.71%
2011	130	3.35%
2012	118	3.04%
2013	146	3.76%
2014	195	5.02%
2015	174	4.48%
2016	205	5.28%
2017	246	6.34%
2018	224	5.77%

发布年份	数量	百分比
2019	315	8.10%
2020	359	9.25%
2021	222	5.72%
2022	1	0.02%
总计	3883	100.00%

由图 7-1 可以看出，现行标准的发布年代跨度自 1966 年开始，迄今跨越 56 年。其中，在 20 世纪 90 年代之前发布的标准数量较少；从 1990 年以后标准数量开始增多，呈现上升趋势；到 2020 年达到最多，由于 2022 年数据量少，所以图上显示标准数量呈现下降趋势。

由表 7-1 可以看出具体的数据情况。1990 年以前发布的标准有 166 项，占 4.28%。2020 年发布的标准数量为 359 项，占 9.25%。由此可以看出，大多数标准都是近 5 年来制定发布的。

（二）标准的标龄分布

标准的标龄指现行标准自发布至废止期间的时间长度，一般以年为单位计算。对所有现行标准的标龄进行计算和统计分析，标龄分布图如图 7-2 所示。

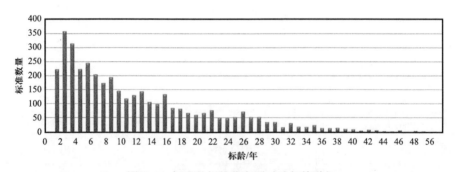

图 7-2　标准的标龄分布图（油气管道）

由图 7-2 可以看出，标龄在 5 年之内的标准居多，共有 1367 项，占标准总数的 35.2%。标龄为 6～10 年的标准有 838 项，占标准总量的 21.58%。

从具体标准中，可以看到，标龄最长的标准为 56 年，是"API STD 2555—1966 油罐内液位的校准方法"。其次，是标龄为 50 年的"ISO 2445—1972 建筑接缝设计的基本原则"。

二、标准的制修订情况分析

标准分为制定与修订，制定指新制定发布的标准，修订指对原标准修改后重新发布的标准。通过对标准制修订情况的分析，可以了解新标准的制定与发布情况和已有标准的修订情况。

（一）标准制修订数量

通过对所有现行标准是否有被代替标准的统计分析，在现行的 3883 项标准中，有 1074 项标准是新制定的标准，占标准总数的 28%，修订标准有 2809 项，占标准总量的 72%，如图 7-3 所示。

（二）年度标准制修订数量

为了解年度标准的制修订情况，对自 2012—2021 年的标准制修订情况进行了统计，统计结果见图 7-4。可以看出，修订标准的数量均大于制定标准的数量，并且修订制定比都超过 200%，说明很多标准都进行了更新。

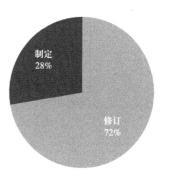

图 7-3　标准制修订数量对比图（油气管道）

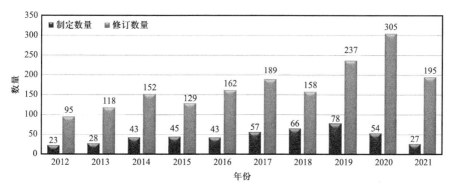

图 7-4　2012 年至 2021 年年度标准制修订数量对比图（油气管道）

三、标准的技术领域

（一）技术领域总体分布

按照 CCS 大类分类统计各个技术领域的标准数量，结果如图 7-5 所示。具有 CCS 分类的 3840 项标准中，共涉及 24 大类标准，由于一个标准号可能对应多个 CCS 分类，所以最终共筛选出 4924 项标准号与 CCS 分类号的对应关系，标准数量排序前 10 位的技术领域如图 7-5 所示，占具有 CCS 分类号标准总量的 87.55%，包括：①E 石油；②P 土木建筑；③A 综合；④J 机械；⑤N 仪器、仪表；⑥M 通信、广播；⑦C 医药、卫生、劳动保护；⑧H 冶金；⑨K 电工；⑩F 能源、核技术。

其中，E 石油的标准数量（1448 项）最多，标准比率（29.41%）最大；其次是 P 土木建筑，标准数量（551 项）仅次于 E 石油，标准比率（11.19%）；K 电工（250 项）与 F 能源、核技术的标准数量（177 项）最少，标准比率分别为 5.08% 和 3.59%。

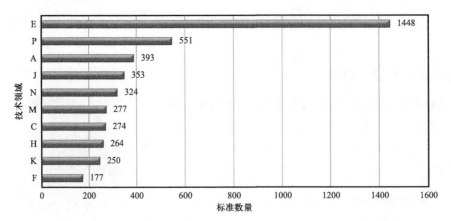

图 7-5　按 CCS 统计的标准数量排序前 10 位的技术领域（油气管道）

（二）石油类标准的技术领域分布

对石油类标准的技术领域分布进行了分析。按照 CCS 石油类的二级类目进行统计分析的结果如图 7-6 所示。从图 7-6 可以看出：E30 石油产品综合类标准数量最多（251项）；其次是 E98 油、气集输设备，标准数量（184 项）；E20 石油、天然气综合的标准数量（150 项）位居第三位。前述三个技术领域标准数量（585 项）占 E 石油类标准总量（1448 项）的 40.40%。

从图 7-6 可知，石油类标准中，每类标准数量在 50 个以上的共有 11 个技术领域，按数量多少排序，11 个技术领域依次是：① E30 石油产品综合；② E98 油、气集输设备；③ E20 石油、天然气综合；④ E31 燃料油；⑤ E49 其他石油产品；⑥ E90 石油勘探、开发、集输设备综合；⑦ E24 天然气；⑧ E10 石油勘探、开发与集输工程集合；⑨ E09 卫生、安全、劳动保护；⑩ E97 油、气处理设备；⑪ E00 标准化、质量管理。这 11 个领域的标准数据总量为 1186 项，占石油类标准总量的 81.91%。

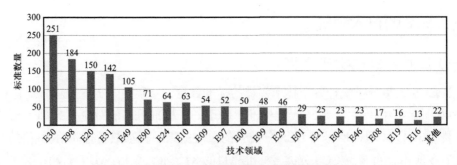

图 7-6　CCS 的 E 石油类标准分布图（油气管道）

四、技术领域的时序分布

分析技术领域时序分布的目的在于了解年度技术领域发展情况，年度标准制修订的重点，为全面分析标准化的发展情况提供依据。除利用上述所选择的 CCS 分类方法外，因为标准的关键词也反映了标准的主题分布情况，所以，也采用关键词作为标准技术领域时序分析的方法。

（一）技术领域类别的时序分布

通过统计各年度 CCS 各类别标准的分布情况来分析技术领域类别的时序分布情况。本项目研究的现行标准时间跨度为 1966—2021 年，按照 CCS 分类统计，数量排前 10 位的技术领域时序分布如图 7-7 所示。

从图 7-7 可以看出，20 世纪 80 年代以前，各领域的标准数量都比较少。90 年代以来，相关标准数量明显增多。其中发展更为迅猛的技术领域包括：①E 石油；②H 冶金；③P 土木建筑；④J 机械。

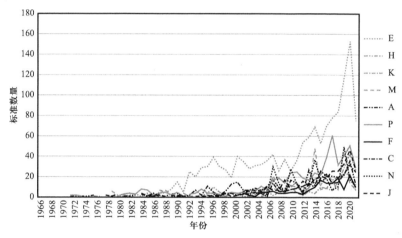

图 7-7　技术领域类别时序分布图（油气管道）

E 石油领域的标准数量最多，从年份分布上来看，这方面的标准数量呈现大幅增长的态势。从 1993 年开始，标准数量就一直维持在高位，共制修订标准 1401 项，年均约制修订标准 48 项，占该领域标准总量的 33.00%；自 2014 年增长迅速，2020 年是制定标准的高峰年，发布标准数量高达 153 项，占该领域标准总量的 34%。

P 土木、建筑领域的标准总量位居第二位，自 20 世纪 70 年代初期以来，该领域持续的制定了相关标准；2001 年以来，标准数量持续走高，2011—2020 年共制修订标准 331 项，年均约制修订标准 33 项；2017 年发布标准（256 项）达到最高峰，占该领域标准总量的 22.34%。

H 冶金领域，近五年标准数量稳步增长，该阶段制定的标准共 121 项。

J 机械领域，出现了若干制定标准的高峰年，其中 2012 年制定 16 项，2020 年制定 47 项，分别占该领域标准总量的 12.31%、10.44%。

（二）技术领域主题的时序分布

标准数据库中所标引的关键词显示了该标准的主题，通过对关键词在各标准中出现的频率统计可以分析该主题的标准发展情况，通过对关键词在各年代出现的情况，可以统计分析各技术领域主题的时序分布。

图 7-8 显示的是词频在 250 以上的关键词在各年代的分布情况，从中可以体现技术领域主题的时序分布情况。

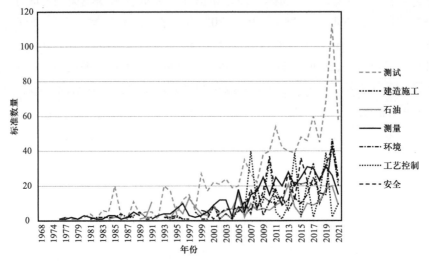

图 7-8　技术领域主题时序分布图（油气管道）

"测试（testing）"方面的标准越来越多，在 2020 年达到顶峰；与"建造施工（construction）"相关的标准也呈现几个发展高峰，分别是 2011 年、2017 年和 2020 年；石油（petroleum）方面的标准虽然每年增加的标准数量不多，但趋势十分稳定，所以数量也较多；同时测量（measurement）、环境（environment）、工艺控制（process control）和安全（safety）等几个方面的标准也呈现出不断增长的发展态势，基本都在 2019 年或 2020 年达到一个阶段发展的顶峰。

第二节　油气管道国际标准发展趋势

一、总体发展趋势

通过对现行标准的主题词进行拆分、处理来分析油气管道标准的总体发展趋势。选择 50 个高频词生成油气管道技术领域发展图。可以看出，油气管道标准呈现以下总体发展趋势：

（1）传统与现代并行发展，传统的检测或试验（testing）、环境（environment）、安全（Safety）、工艺控制（Process Control）等重点领域，现代的通信（communication）、信息交换（information interchange）、数字化（digital）、数据处理（data processing）等重点领

域，呈现两个发展集群。

（2）工艺控制与数字化、电子工程、控制系统等标准关系密切，相互协调发展。

（3）测量（measurement）与检测或试验（testing）是标准发展的重点领域，且二者有紧密的联系，也就是说，油气长输管道各项标准的测量和检测或试验方面的标准是发展的热点。

（4）设计（design）、环境（environment）、石油（petroleum）是比较重要的发展领域，并且，设计与检测或试验有紧密的联系，与管道也有比较密切的联系，也就是说，设计与检测或试验标准协调发展，管道的设计标准是发展重点之一。而环境（environment）与测量（measurement）标准关系密切，相互协调发展。石油（petroleum）自然是油气长输管道重点关注的领域。

（5）天然气（natural gas）和石油（petroleum）存在较强的关系，同时其二者又与管道的其他领域关系密切，说明天然气和石油是管道标准制定的关键领域。

（6）管道标准与工业、安全、控制设备、金属、测量等都有关系，也就是说这些标准都是管道标准中所涉及到较多的标准。

（7）安全要求方面的标准也是相对热点的领域，但没有与管道直接相关，而主要与检测或试验、控制技术相关，这说明管道类专门的安全标准还没有特别的发展，而控制技术、检测与试验安全是发展的重点。

二、新发展的标准发展趋势

依据近 3 年内新制定的标准，数据筛选的条件是 2019 年以后发布且被代替标准数据项没有数据的标准，通过对这些标准的主题词进行拆分、处理来分析油气管道新发展的标准技术领域。

（一）新制定标准的总体情况

通过数据检索与筛选，近 3 年内共新制定标准 158 项，各个标准制定机构近 3 年内新制定标准的数量如表 7-2 所示。

表 7-2　各标准机构新制定标准的标龄与数量（油气管道）

标准机构	标龄 1 年	标龄 2 年	标龄 3 年
API	15	14	20
ASTM	4	20	11
IEC	1	11	12
ISO	6	7	35
ASME		2	
总计	26	54	78

总体来说，标龄为 3 年的标准最多，标龄为 1 年的标准最少。对于各个标准机构而言，API 近 3 年内新制定标准的数量最多（49 项），其次是 ISO（48 项），制定新标准最少的机构是 ASME（2 项）。API 标龄为 1 年的标准最多，说明其标准制修订速度很快，标准更新及时。ISO 标龄为 3 年的标准最多，说明标准制修订速度应加快。

（二）新发展的标准发展趋势

通过内容分析法对所有新标准的主题词进行处理后，选择 50 个高频词，生成新发展的标准技术领域图，可以看出，油气长输管道新发展的标准技术领域涉及领域非常广泛，如存储、管理、质量、测量、测试等，但主要还是与天然气相关。新技术呈现出"集群式"态势，标准的新技术主要云集在以下领域：

（1）天然气、管理和测量是新标准的重点领域；

（2）天然气相关领域最多，包括了石油，管道，材料，测试，管理，安全等，其中与石油、管理的关系最为密切；

（3）管理方面的标准包括了完整性管理、管理系统、能源等；

（4）测量相关领域包括流体测量、存储、交流、修理等；

（5）能源方面的标准包括了设计、自动化、数据、工程、管理等。

除上述领域之外，测量、保护等方面也零星出现了一些新标准，与其他的领域几乎没有关系。

三、持续发展的标准发展趋势

依据修订周期小于 5 年（含 5 年）的现行标准的主题词进行拆分、处理来分析油气长输管道持续发展的标准技术领域。

（一）修订周期为 5 年的标准的总体情况

通过数据检索与筛选，修订周期在 1～5 年的现行标准共 1216 项，各个标准制定机构修订周期在 5 年内的标准数量统计表如表 7-3 所示。

表 7-3　修订周期 5 年内的标准数量统计表（油气管道）

标准机构	ISO	IEC	API	ASTM	ASME	AMPP	总计
数量，项	464	203	64	483	49	3	1266

总体来说，按标准制定周期在 5 年内的标准数量排序，ASTM 最多（483 项），其次是 ISO（464 项），排名第三的是 IEC（203 项）；数量最少的是 AMPP（3 项）。

（二）持续发展的标准发展趋势

对所有修订周期为 5 年的标准的主题词进行处理后，选择 50 个高频词，生成持续发展的标准技术领域图。可以看出，持续更新的标准主要集中在两大领域，一是测试，主要与安全、设计、标注、环境等有关；二是工艺控制，包括控制技术、信息化技术、信息过程、控制设备等。

可见，前文现行标准主题领域中的测试、工艺控制都有一些标准在持续地修订，反映出这些领域较多地采用了新技术来持续提升标准化水平。

四、稳定发展的标准发展趋势

依据标龄为 20 年以上的现行标准，数据筛选的条件是提取发布年代在 2002 年及 2002 年以后发布的标准，通过对这些标准的主题词进行拆分、处理来分析油气长输管道持续发展的标准技术领域。

（一）标龄 20 年标准的总体情况

通过数据检索与筛选，标龄 20 年以上的标准共 778 项，各个标准制定机构标龄为 20 年的标准数量及标准比率如表 7-4 所示。

表 7-4 标龄 20 年以上的标准数量与比率（油气管道）

标准机构	标准总数	标龄 20 年以上的标准数量	比率 /%
API	710	195	27.46
ASME	151	9	5.96
ASTM	1007	183	18.17
IEC	634	65	10.25
ISO	1282	315	24.57
NACE	98	11	11.22
AMPP	1	0	0
总计	3883	778	20.04

注：在 2021 年，NACE 与 SSPC 合并为 AMPP。

总体来说，标龄在 20 年以上的标准占标准总数的 20.04%，其中比率最高的是 API（27.46%），其次是 ISO（24.57%），第 3 是 ASTM（18.17%）。

（二）稳定发展的标准技术领域

通过对所有标龄为 20 年的标准的主题词进行处理后，选择 50 个高频词，生成稳定发展的标准技术领域图，最终得到了以测试为中心，相关领域稳定发展的结果；同时还有几个小的集群，比如流量、化学分析测试、工程等具体领域的标准发展稳定；与测量相关的测量技术、测量设备、电子工程等具体领域的标准发展稳定；与石油制品相关的检测、测量标准、天然气、气体分析、汽油标准发展稳定。

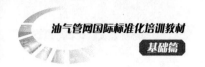

总体来说，稳定发展的标准技术领域较为广泛，每个领域都有与其相关性较强的领域。

🔍 本章要点

本章基于油气管道标准数据库中包括 ISO、IEC、API、ASME、AMPP、ASTM 共 6 个标准机构制定发布的标准，对所有现行标准进行了统计分析，需掌握的知识点包括：

➤ 现行油气管道标准的发展现状、制定标准的重点和热点技术领域等；

➤ 油气管道国际标准的发展趋势，包含总体发展趋势、新发展的标准发展趋势、持续发展的标准发展趋势和稳定发展的标准发展趋势。

第一部分：基本规则			
1	ISO/IEC 指南 2	标准化和相关活动通用词汇（1996 第 7 版）	规定了标准化、认证和试验室认可等方面的一般术语及其定义
2	ISO/IEC 指南 7	制定合格评定用标准指南（1994 年第 2 版）	规定了产品认证所采用的标准通常应包括的要求，以保证标准对认证工作的适用性
3	ISO/IEC 导则 60	GB/T 26060 合格评定良好行为规范	规范合格评定行为
第二部分：供方声明			
4	ISO/IEC 指南 22	供方符合性声明一般准则	推荐了一些方法，以便供方在向需方做出符合性声明时使用
第三部分：认可			
5	ISO/IEC 指南 58	GB/T 26058 校准和检测实验室认可制度——运作和认可的一般要求	规定了对检验机构的认可机构以及认可制度的实施应遵循的一般要求。以使认可能得到国家或国际的承认
6	ISO/IEC 指南 61	对认证 / 注册机构一般评定和认可的一般要求（1996 年第 1 版）	对所有认证 / 注册机构提出了评定和认可要求，并要求有实施的验证
7	ISO/IEC 技术报告 17010	对检查机构进行认可的机构的一般要求	是对检查机构进行认可的所有机构提出的基本要求，并要求有实施的验证
第四部分：校准 / 检测			
8	ISO/IEC 17025	检测和校准实验室能力的通用要求（1999 年第 1 版）	该标准是在 ISO/IEC 指南 25 和 EN 45001 得到广泛应用的基础上产生并取代上述两个文件的。包含了测试和校准实验室为证明其按质量体系运行、具有技术能力并能提供正确的技术结果所必须满足的所有要求。适用于所有从事检测和 / 或校准的组织，包括第一方、第二方和第三方实验室
9	ISO/IEC 指南 43-1	利用试验室间比对的能力验证试验 第 1 部分：能力验证试验方案的建立和实施（1997 年第 2 版）	规定了比对能力验证试验方案的建立与实施要求和实施方法

10	ISO/IEC 指南 43-2	利用试验室间比对的能力验证试验 第 2 部分：试验室认可机构对能力验证试验方案的选择和使用（1997年第 1 版）	对试验室认可机构选择和使用能力验证方案规定了具体要求和方法
11	ISO 指南 34	标准物质生产者能力的通用要求	对标准物质生产者能力、条件、范围的具体规定
12	ISO 指南 31	标准物质证书内容	对标准物质证书的格式、书写方式等的具体规定
13	ISO 指南 35	标准物质定值——通用原则和统计原理	确定标准物质定值的通用原则和统计方法的应用
第五部分：检查			
14	ISO/IEC 17020	各类检查机构运行的一般准则（1998年第 1 版）	是由欧洲标准化委员会（CEN）和欧洲电工委标准化委员会（CENELEC）起草的 EN 45004 标准被 ISO 合格评定委员会采纳，取代 ISO/IEC 指南 39：1988《检查机构认可的通用要求》和 ISO/IEC 指南 57：1991《检查结果表述的导则》。规定了公正的检查机构能力的通用要求，而不考虑其所涉及的行业，同时规定了独立性要求
第六部分：产品认证			
15	ISO/IEC 指南 65	GB/T 26065 实施产品认证制度的机构的基本要求（1996年第 1 版）	对产品认证机构规定了基本要求，作为认可的基本条件
16	ISO/IEC 指南 23	第三方认证制度表明符合标准的方法（1982年第 1 版）	规定了在认证机构管理下表示符合标准和符合引用文件的方法
17	ISO/IEC 指南 28	典型的第三方产品认证制度通则（1982年第 1 版）	该指南适用的认证制度是：通过对产品的初次检验和对工厂质量体系的评定来确定产品是否符合标准，并在获准认证后对该厂质量体系进行监督检查以及从工厂和市场上进行抽样检验
18	ISO/IEC 指南 53	GB/T 26053 第三方产品认证中利用供方质量体系的方法（1988年第 1 版）	概述了利用供方质量体系要素制定并应用产品认证大纲的一般方法，供认证机构使用
19	ISO 指南 27	认证机构对滥用认证标志或带有认证标志的产品危及人身和财产安全，采取纠正措施的指南（1983年第 2 版）	该指南的目的在于确定一系列的程序，供国家认证机构（非官方的）在决定如何解决下列问题时考虑： 1. 据反映滥用了认证机构注册的合格标志； 2. 已认证产品事后发现是危险品
第七部分：体系认证			
20	ISO/IEC 指南 62	GB/T 26062 从事质量体系评定和认证 / 注册的机构的一般要求（1996年第 1 版）	对质量体系认证机构规定了基本要求，并按此进行认可审核